少糖、低卡！
零負擔甜點烘焙

選用低熱量、天然食材，甜點就算低卡少糖也好吃！

作者序

甜點，從來不是負擔，而是生活的慰藉。

我一直相信，甜點不該只是「偶爾放縱一下」的代名詞。

它可以是日常的慰藉、健身後的小獎勵、心情低落時的溫暖，

前提是：我們用對了食材、選對了做法。

這本《少糖、低卡！零負擔甜點烘焙》，是我對生活的一種練習，也是一種堅持。

用較低熱量、較天然的材料，例如：紫薯、香蕉、豆腐、優格、赤藻糖醇……

這些你我日常都不陌生的食材，讓甜點保有它的美好，又不造成身體過多的負擔。

你不需要是專業烘焙師，也不需要擁有華麗的設備，只要有一顆想對自己好一點的心，

就能從這本書中找到屬於你的輕甜時光。

願你在打蛋、拌粉、出爐的那一刻，每個烘焙時光，不只是單純做甜點，

而是療癒，更是在為自己加一點幸福。

致正在努力生活的你，我們一起輕鬆地享受每一口甜。

推薦序

最粗獷的外表,做出最細膩、最療癒人心的甜點——他就是比利。

滿手刺青、氣場十足的他,做出來的甜點卻優雅細緻,強烈的反差感讓人印象深刻。仔細看會發現,這些甜點走的是低卡減脂路線,但不是刻意使用無油無糖食材,而是在保留風味前提下,巧妙替換部分食材,讓甜點少了負擔,還能感受到「入口的幸福感」。

比利的甜點文底下,常常可以看到我留言「我要吃」。雖然因此被笑說是什麼都要吃的吃貨,我都欣然接受,因為他的甜點真的有讓人無法抗拒的魔力。每次都能讓我驚嘆:「也太好吃了吧!」也因為他的外表還有實力,我幫他取了「老大」這個綽號,沒想到現在很多人也都這樣叫他,足以代表他在 IG 甜點界的份量。

這本書濃縮了老大對甜點的堅持,也保留了他在熱量與風味之間的平衡。「老大的甜點,真的很可以!」我吃過,所以我有資格講。雖然你可能沒有老大那雙氣勢十足的手,但有了這本書,你也能做出讓人看到秒說「我要吃」的甜點。

—— 鋁罐

推薦序

在我認識了小比利之後才發現，原來吃甜點，也可以變成自律後的浪漫！

在健身和減脂的路上，「甜點」似乎被視為天敵，不是遠離就是滿懷罪惡地偷嚐禁果。但Billy卻能把不可能化為可能，即使少了一點糖、少了一點油，卻能做出美味不減的「低卡、減脂甜點」，讓甜點成為健身瘦身路上，那不可或缺的浪漫。

這本書，不只是一本食譜！更是Billy多年來試驗過無數次、嘗試許多不同的材料，匯集而成的心血結晶，同樣身為IG創作者，Billy的影片總是能讓我多停留，將繁瑣的步驟化繁為簡。

每一道甜點背後，藏著的是比利的「不將就」——對身材的要求、對健康的堅持、對生活的態度。如果你也跟我一樣，追求良好的體態，又不願意委屈品嚐甜點的浪漫，請從這本書開始～：）

你會發現，厲害的甜，不是讓你變胖，而是讓你變強。讓「比利的甜點」成為你在瘦身路上，最好的戰友！

—— Meng Shan 孟山

推薦序

身為一位愛吃的營養師，每次滑開 Instagram 總會被做法簡單又低負擔的食譜吸引，但跟著網路上琳瑯滿目的 reels 影片實作，經常踩地雷、成品不盡人意。

如果你也跟我一樣，那一定要追蹤小比利的帳號，然後翻開這本書！《少糖、低卡！零負擔甜點烘焙》用簡單易懂的作法與貼心圖解，帶領讀者完成看似複雜的甜點，更用少油、低糖等方式，讓甜點成為低負擔的甜蜜享受，而非罪惡的熱量陷阱。

生活有點苦，需要甜點增添幸福色彩！非常推薦給烘焙新手、或想體驗手作甜點的生活玩家，一起進入小比利的甜點世界，享受健康與美味的味蕾饗宴！

—— Yoyo 營養師

CONTENTS

作者序 004
推薦序 鋁罐 006
推薦序 Meng Shan 孟山 008
推薦序 Yoyo 營養師 009

CHAPTER 1
烘焙的基礎
Basic

- 低卡甜點的三大核心　016
- 工具　022
- 食材　026
- 烘焙知識　032
- 烘焙技巧　034
- 甜點的保存　036

CHAPTER 2
水果類
Fruits

- 低卡香蕉蛋糕　040
- 藍莓馬芬　042
- 檸檬乳酪蛋糕　044
- 藍莓優格慕斯　048

- 全麥土司蘋果派　　　　052
- 低卡檸檬塔　　　　　　054
- 無麵粉藍莓蛋糕　　　　056
- 全麥蔓越莓司康　　　　060
- 藍莓燕麥巧克力蛋糕　　064
- 蘋果肉桂燕麥塔　　　　068

CHAPTER 3
根莖類
Rhizome

- 芋泥巴斯克　　　　　　074
- 芋泥優格蛋糕　　　　　076
- 芋泥燕麥司康　　　　　080
- 芋泥乳酪球　　　　　　084
- 芋泥蛋撻　　　　　　　086
- 南瓜巴斯克　　　　　　088
- 低卡南瓜派　　　　　　090
- 南瓜可可布朗尼　　　　094
- 地瓜布朗尼　　　　　　098
- 脆皮地瓜球　　　　　　102

CONTENTS

CHAPTER 4

巧克力類
Chocolate

- 無麵粉巧克力蛋糕　　106
- 蘋果布朗尼　　110
- 燕麥生巧克力塔　　112
- 香蕉布朗尼　　114
- 生巧乳酪蛋糕　　118
- 酪梨巧克力熔岩蛋糕　　122
- 豆腐生巧克力　　124
- 黑巧燕麥脆餅　　126

CHAPTER 5
創意低卡甜點
Low calorie

- 低卡水果冰淇淋　　130
- 烤布蕾　　132
- 低卡優格巴斯克　　136
- 焦糖烤燕麥　　140
- 抹茶豆腐蛋糕　　142
- 南瓜布丁　　146
- 燕麥杏仁奶凍　　148
- 芒果奶凍　　150
- 花生燕麥脆餅　　154
- 低卡豆乳司康　　156
- 全麥提拉米蘇　　160
- 低卡巧克力球　　162
- 微波抹茶蛋糕　　164
- 紫薯蒸蛋糕　　166
- 黑芝麻豆腐蛋糕　　168
- 抹茶生巧克力　　170

CHAPTER 1

烘焙的基礎
Basic

想讓烘焙變簡單，除了選對適合的工具和食材，若能提前了解烘焙的基礎知識，就能讓烘焙過程更順利，並提高成功率。在這個章節裡，除了集結一些烘焙基礎技巧知識，同時也有想減糖、降低熱量必知的基本常識，藉由理解這些基礎內容，可提昇烘焙技巧，在烘焙時也能更快上手。

｜低卡甜點的三大核心｜

在低卡甜點的世界裡，關鍵在於找到「減法」和「替代」之間的平衡。通過對糖、油脂和纖維的調整，可以讓甜點變得既健康又美味，不再是一個讓人心懷愧疚的「熱量陷阱」。

1. 減糖：輕甜而不膩

甜點的靈魂來自於甜味，但傳統甜點中的糖往往過多，不僅讓人發胖，還可能對身體造成傷害。減糖是低卡甜點的第一步，但並不是單純地削減甜味，還需要兼顧甜點的口感與結構。

糖在甜點中的作用

提供甜味：糖讓甜點入口即甜，但適量減糖能讓其他食材的天然香氣更突出。
提供濕潤感：糖能鎖住水分，讓甜點濕潤柔軟，過度減糖可能導致甜點過乾。
穩定結構：糖能穩定蛋白霜，幫助甜點蓬鬆，減糖過多可能影響蛋糕結構。
提升顏色：糖在高溫下焦糖化，為甜點帶來誘人的金黃色和香氣。

推薦替代食材

赤藻糖醇：幾乎零熱量，甜度接近砂糖，是低卡甜點首選。
椰糖：GI 值低，帶有天然焦糖香氣，適合抹茶或巧克力甜點。
蜂蜜／楓糖漿：濕潤感強，自然甜味濃郁，熱量較低。
果泥：香蕉泥、紅棗泥、蘋果泥自帶甜味，提升濕潤感。

Tips1. 減糖後適當增加香草精、肉桂粉、抹茶粉等天然香料，能彌補甜味減少後的風味缺失。
Tips2. 赤藻糖醇用量建議為砂糖的 70% ～ 80%，過量可能有涼感。

2. 減脂：濃郁但不油膩

油脂是甜點中提供濕潤感和香氣的關鍵，但傳統甜點中的油脂熱量極高。低卡甜點的第二步是學會聰明減脂，讓甜點更健康，同時保留濃郁口感。

油脂在甜點中的作用

提供濕潤感與柔軟口感：特別是在餅乾和蛋糕中至關重要。

提升風味：油脂能增強甜點的乳香和濃郁感。

結構作用：幫助麵糊流動性，讓甜點在烘烤時膨脹均勻。

延長保鮮期：油脂能延緩水分蒸發，保持甜點柔軟。

推薦替代食材

希臘優格：濃稠低脂，是奶油的完美替代品。

椰子油：天然香氣濃郁，用量少即可提升風味。

南瓜泥 / 香蕉泥：提升甜點濕潤感，同時降低熱量。

豆腐：滑順低脂，適合乳酪蛋糕或布丁。

Tips1. 油脂替代比例建議為 30% ～ 50%，避免過度減少導致甜點乾硬。

Tips2. 減脂後甜點更容易烤乾，建議稍微降低烘烤溫度，延長時間。

3. 增纖：讓甜點更飽腹

除了減糖和減脂，甜點增加纖維是一個經常被忽略但非常有效的策略。纖維能延長飽足感，減少甜點帶來的熱量負擔，並改善腸道健康。

推薦替代食材

燕麥粉：高纖低 GI，自帶香氣，適合鬆餅和餅乾。

杏仁粉：富含健康脂肪，讓甜點更鬆軟香濃。

奇亞籽 / 亞麻籽粉：形成膠質，適合蛋糕和布丁。

果乾：無糖蔓越莓乾、葡萄乾，既有纖維又增添自然甜味。

Tips1. 在餅乾中加入燕麥片或堅果碎，增加口感也比較健康。

Tips2. 控制甜點份量，搭配堅果類食材（如核桃、杏仁），能增加纖維和飽腹感。

Tips3. 用燕麥粉或杏仁粉替代麵粉的 20% ～ 30%，不建議全替代，以免甜點過於緊實。

雖說可透過減糖或替代食材來讓甜點好吃又健康，但在烘焙過程中，仍要注意以下幾個重點，才不會導致成品雖然吃起來健康，但整體口感卻不佳。

・替代食材要逐步嘗試，先從減少 30% 開始，找到不影響口感的平衡點。
・減糖後適當縮短烘烤時間，防止甜點因失去糖的保濕效果而變乾。
・善用天然食材，像是果泥或豆腐，既低卡又能提升甜點濕潤度。
・使用迷你模具，讓每一份甜點更容易控制熱量，既美觀又健康。

健康糖的替代品選擇

1. 赤藻糖醇（Erythritol）

特點：幾乎零熱量，甜度約為砂糖的 70% ～ 80%。

適用甜點：蛋糕、餅乾、布丁等。

注意事項：超過 80 克可能帶有輕微涼感，建議與其他甜味劑搭配使用。

2. 椰糖（Coconut Sugar）

特點：低 GI 值，帶有天然焦糖香氣，比砂糖熱量稍低。

適用甜點：餅乾、巧克力蛋糕、奶茶類甜點。

注意事項：味道濃郁，不適合需要清爽甜味的甜點。

3. 楓糖漿（Maple Syrup）

特點：天然甜味濃郁，帶有淡淡堅果香，GI 值低於砂糖。

適用甜點：鬆餅、乳酪蛋糕、果凍。

注意事項：用量不宜過多，會帶來較濕潤的質地。

4. 蜂蜜（Honey）

特點：自然甜味濃厚，富含抗氧化物，能增加濕潤感。

適用甜點：布朗尼、戚風蛋糕、奶凍。

注意事項：高溫會破壞蜂蜜中的營養成分，適合後期調味或中低溫甜點。

5. 羅漢果糖（Monk Fruit Sweetener）

特點：由天然羅漢果提取，零熱量、零 GI 值，甜度約為砂糖的 150～200 倍。

適用甜點：餅乾、蛋糕、巧克力。

注意事項：用量需精確，適合需要強甜味的甜點，可與其他甜味劑混用。

6. 甜菊糖（Stevia）

特點：天然植物代糖，零熱量，甜度是砂糖的 200～300 倍。

適用甜點：飲品、果凍、蛋糕。

注意事項：味道帶有輕微的甘草味，建議少量使用或與其他代糖混合。

7. 海藻糖（Trehalose）

特點：熱量與砂糖相同，甜度較低，口感自然，穩定性好。

適用甜點：果凍、奶凍、清淡風味的蛋糕。

注意事項：適合需要低甜度的甜點或飲品。

8. 黑糖（Brown Sugar）

特點：帶有濃郁的焦糖香氣和微微甘甜感，富含微量礦物質。

適用甜點：餅乾、蒸蛋糕、焦糖布丁。

注意事項：熱量與砂糖相近，但風味更加豐富。

| 工具 |

想做好烘焙，一定會需要烘焙工具幫助，有時需用難度較高的工具，但大部份只要用簡單又實用的工具，就能輕鬆做烘焙，先選擇適合自己的器具，從簡單的小點心開始，享受製作甜點的過程。

1. 烘焙基礎工具

烘焙盆：建議準備兩到三個不同大小的不鏽鋼或玻璃攪拌盆，用於攪拌麵糊、打發蛋白或製作內餡。

打蛋器：選擇手動打蛋器和電動打蛋器搭配使用，手動打蛋器適合輕量工作，電動打蛋器能快速打發蛋白或奶油。

篩粉器：過篩麵粉和粉類原料時能提升麵糊的細緻度，讓甜點更加鬆軟。

廚房秤：健康烘焙講究精確，電子廚房秤能幫助精準測量食材重量，避免加入過多糖或油脂。

刮刀：矽膠刮刀是不可或缺的工具，用於刮拌麵糊和取出模具內的材料，柔軟又不會刮傷模具。

2. 烘焙模具

不沾模具：適合低油脂或無油甜點，不需要抹油即可輕鬆脫模，適合烤蛋糕、麵包和布丁。

矽膠模具：耐高溫、不沾黏，適合製作瑪芬、布丁或巧克力小點心，且方便清洗。

活動蛋糕模：適合戚風蛋糕、輕乳酪蛋糕等需要倒扣脫模的甜點，建議選擇 6 吋或 8 吋的模具大小。

3. 測量工具

量杯和量匙：液體和粉類的體積測量必備，健康烘焙中需要精準計量食材，特別是代糖和油脂的添加。

溫度計：烤箱溫度容易偏差，使用烤箱溫度計可以更準確掌握烘焙時的加熱狀態。

4. 攪拌與打發工具

攪拌機：適合製作大批量麵糊或濃稠的麵糰，如健康麵包或高纖餅乾。

手持攪拌棒：適合製作泥狀食材，如香蕉泥、南瓜泥或紅豆泥，快速省力。

食物調理機：能快速處理堅果粉、燕麥粉或其他代替麵粉的粉類，讓成品更細緻。

5. 烤箱與加熱工具

烤箱：健康烘焙的核心設備，建議選擇多功能烤箱，帶有風扇模式能更均勻烘烤。

氣炸鍋：適合製作小量甜點或低油烘焙，特別是健康餅乾或小型蛋糕，操作方便且節能。

微波爐：用於快速加熱牛奶、融化椰子油或處理需要短時間加熱的食材。

6. 裝飾與擠花工具

擠花袋和花嘴：用於裝飾蛋糕、餅乾或製作低脂奶油擠花，讓成品更具視覺美感。

小刮板或抹刀：用於平整蛋糕表面或抹上希臘優格、健康奶油等輕量裝飾。

裝飾篩網：用於篩撒糖粉、抹茶粉或可可粉，提升甜點的細節質感。

CHAPTER1 BASIC 烘焙的基礎

7. 其他輔助工具

油紙或烘焙布：墊在烤盤或模具中，防止甜點沾粘，健康烘焙中尤其適合低脂餅乾或麵包使用。

鋸齒刀：分割戚風蛋糕或海綿蛋糕時的必備工具，能保證切口平整，避免蛋糕壓扁。

計時器：幫助精確掌握烘焙時間，避免因過度烘烤導致甜點乾硬。

羊毛刷：是一種用天然羊毛製成的烘焙工具，主要用途是在麵包、蛋糕或酥皮表面刷上蛋液、奶油、糖漿或油脂。因為羊毛材質柔軟、吸附力強，能夠讓塗抹更均勻，避免破壞麵糰或表皮的質地。

| 食材 |

1. 中筋麵粉
中筋麵粉的蛋白質含量適中，適合製作餅乾、麵包和蛋糕，能夠提供良好的結構和口感。

2. 低筋麵粉
低筋麵粉蛋白質含量較低，適合製作鬆軟的蛋糕和餅乾。它能讓甜點的質地更加細膩和輕盈。

3. 高筋麵粉
高筋麵粉蛋白質含量較高，適合製作麵包和其他需要彈性和咬勁的甜點，提供良好的結構和口感。

4. 全麥麵粉
全麥麵粉保留小麥的外殼和胚芽，富含纖維和營養。使用全麥麵粉製作甜點可以增加纖維攝入量，提升飽腹感。

5. 燕麥
燕麥富含纖維和蛋白質，可以增加甜點的營養價值和口感，常用於製作餅乾、麵包和蛋糕。

6. 赤藻糖醇
赤藻糖醇是一種天然甜味劑，幾乎不含熱量，且不會引起血糖波動，適合作為糖的替代品，用於各種低卡甜點。

7. 蜂蜜
蜂蜜是天然甜味劑，具有抗菌和抗氧化特性，雖然熱量較低，但應適量使用，以免影響甜點的卡路里含量。

8. 椰奶

椰奶富含健康脂肪和營養,是牛奶的替代品,適合用於製作奶凍、慕斯和蛋糕,提供濃郁的風味。

9. 橄欖油

橄欖油富含單不飽和脂肪酸,有益心血管健康。它是奶油的健康替代品,可以用於製作餅乾、蛋糕等甜點。

10. 希臘優格

希臘優格蛋白質含量高且脂肪含量低,可以增加甜點的濃郁口感和營養價值。適合用於製作慕斯、蛋糕和麵包。

11. 優格

優格具有豐富營養和低脂肪特性,可用於製作各種甜點,增添酸甜口感。

12. 雞蛋

雞蛋提供結構和風味,是烘焙中不可或缺的材料。低卡甜點通常使用全蛋或蛋清來控制熱量。

13. 新鮮水果

新鮮水果富含維生素、礦物質和纖維,是天然甜味來源。常用的水果有蘋果、香蕉、藍莓等,它們可以增加甜點的甜味和營養。

14. 果乾

果乾如葡萄乾、蔓越莓乾和杏乾,天然甜味來源,可增加甜點口感和風味,並提供額外的纖維和營養。

15. 堅果
堅果如杏仁、核桃和亞麻籽，富含健康脂肪和蛋白質，可以增加甜點的口感和營養價值。適量使用可以提升甜點的質感。

16. 吉利丁片
吉利丁片用於製作冷凍甜點，如慕斯和果凍。使用前需先泡軟，再融化加入溫熱液體中。

17. 吉利丁粉
吉利丁粉泡冷水，靜置幾分鐘讓它膨脹，接著隔水加熱融化後，倒入不超過 60 度的材料中，攪拌均勻使用。

18. 黑巧克力
黑巧克力含有較少的糖分和較多的可可成分，具有濃郁的風味和豐富的抗氧化劑。是製作低卡巧克力甜點的理想選擇。

19. 可可粉
可可粉是製作巧克力風味甜點的主要材料，低脂且富含抗氧化劑，適合製作蛋糕、餅乾和布朗尼。

20. 茶粉
茶粉如抹茶、紅茶粉等，為甜點增添獨特的風味和顏色，並且富含抗氧化劑，適合製作蛋糕和餅乾。

21. 各種風味粉
如肉桂粉、南瓜粉等，能為甜點增添獨特風味和香氣，提升甜點口感及獨特性。

22. 泡打粉
泡打粉是常見的發酵劑，可讓麵糊在烘烤時膨脹，製作出蓬鬆的蛋糕和餅乾。

23. 速發酵母
酵母是製作麵包和一些甜點的重要發酵劑，能使麵糰發酵膨脹，增加口感和風味。

24. 玉米澱粉
玉米澱粉是一種常用的增稠劑和穩定劑，可以增加甜點的結構和口感，常用於製作奶凍、醬料和布丁。

25. 奶油
奶油是常用的烘焙材料，提供濃郁風味和豐富口感，適合用於製作各種甜點，如蛋糕、餅乾和奶油霜。

26. 鮮奶油
鮮奶油適合用於打發製作奶油霜、奶凍和慕斯，增加甜點的輕盈口感和濃郁風味。

27. 鹽
鹽在烘焙中有平衡甜味和增強風味作用，適量使用能提升甜點整體口感。

28. 牛奶
常用的液體成分，提供豐富蛋白質和鈣質，適合用於製作蛋糕、麵包和奶凍等甜點。

29. 奶油乳酪
具有濃郁奶香和滑順口感，常用於製作乳酪蛋糕、奶酪餡和其他奶油類甜點。

|烘焙知識|

1. 預熱烤箱
放入食材前，一定要先預熱烤箱，確保烤箱內達到所需溫度，這能保證烘焙時間和溫度準確性，讓甜點均勻受熱。

2. 精確測量
使用電子秤、量杯和量匙來精確測量食材，確保配方準確性，這是成功烘焙的基礎。

3. 篩麵粉
篩麵粉可以去除結塊，使麵粉更輕盈，從而讓成品更加鬆軟細膩。

4. 室溫食材
大多數配方中的奶油、雞蛋和牛奶等食材應該在室溫下使用，這樣才能更好地混合與打發。

5. 均勻混合
確保所有食材均勻混合，避免結塊或不均勻，如此才能讓甜點的口感和外觀一致。

6. 避免過度混合
在添加麵粉後，應輕輕混合至剛好均勻，避免過度混合以防麵糊產生過多的麵筋，影響口感。

7. 打發蛋白
打發蛋白時，確保器具無油無水，並打發到適當硬度，這對蛋糕與其他甜點的結構和質地非常重要。

8. 烘焙時間和溫度
遵循食譜中的烘焙時間和溫度，但也要根據自家烤箱特性進行微調，可以在烘焙過程中途翻轉烤盤，確保均勻上色。

CHAPTER1 Basic 烘焙的基礎

9. 檢查熟度

使用牙籤或竹籤插入烘焙物中心，確保無黏附物表示已熟，這是一個簡單有效的方法來確保甜點完全烘烤熟透。

10. 冷卻

烘焙完成後，將甜點放在冷卻架上充分冷卻，這能防止甜點底部過濕並保持其形狀和口感。

11. 吉利丁片用法

使用前先用冷水泡軟，然後擰乾水分，再加入溫熱的液體中使其融化，吉利丁片常用於製作慕斯、果凍等冷藏甜點。

12. 吉利丁粉用法

使用前需泡在冷水或液體中（比例通常為 1：5），吸水膨脹後，再加熱融化或加入溫熱的液體中使其完全溶解。吉利丁粉也適合用於各種冷藏甜點。

033

|烘焙技巧|

1. 鋪烤盤紙

在烤盤上鋪烤盤紙可以防止食材黏在烤盤上，並且方便清理。將烤盤紙剪成適合烤盤大小的形狀，鋪平後放上需要烘焙的食材。

2. 使用擠花袋和擠花嘴

擠花袋用於裝飾奶油、麵糊等。將擠花嘴放入擠花袋前端，填入混合物，然後從袋子尾端輕輕擠壓，控制擠出的量和形狀，製作出各種好看的花紋和造型。

3. 打發技巧

打發蛋白或奶油時，確保器具無油無水，這樣打發效果最好。打發蛋白時，先用中速攪拌至起泡，再逐漸加速至濕性發泡或乾性發泡；打發鮮奶油時，應在材料為低溫狀態中進行，打發至濃稠且形成尖峰。

4. 烘焙過程中途翻轉烤盤

在烘焙過程中途翻轉烤盤可以確保食材均勻受熱和上色。尤其是在烘烤餅乾或蛋糕時，這一步能避免一邊烤焦一邊未熟。

5. 隔水加熱

隔水加熱是一種間接加熱的方法，適用於融化巧克力、奶油或製作蛋奶糊。將食材放在耐熱容器中，再把容器放入裝有熱水的鍋中，保持小火加熱，避免食材直接接觸高溫。

6. 室溫回溫

使用冷藏的雞蛋、奶油或其他材料時，提前將它們從冰箱中取出，放置到室溫。這能確保材料在混合時更均勻，避免麵糊或麵糰不均勻。

CHAPTER1 Basic 烘焙的基礎

7. 擠花袋使用技巧

使用擠花袋時,先將擠花袋一端折起,避免填裝時材料溢出。填充完畢後,擠花袋的尾端擰緊,輕輕擠壓尾端控制出料量,這樣可以製作出精美且均勻的裝飾。

8. 替換食材

在低卡烘焙中,使用替代材料來減少熱量和脂肪。例如,使用蘋果醬代替部分油脂,或用希臘優格代替部分奶油,這些替換方法能減少卡路里並保持美味。

甜點的保存

確實了解關於甜點的保存小知識，並以正確方式進行保存，不只幫助延長甜點保存期限，同時能留住美味和營養。

1. 完全冷卻後保存
甜點烘焙完成後，在室溫下完全冷卻，可防止保存時出現凝結水，影響甜點口感和質量。蛋糕、餅乾和麵包等烘焙品，在冷卻架上放至完全冷卻再進行保存。

2. 使用密封容器
冷卻後的甜點放入密封容器，以保持新鮮度、防止異味。密封盒、保鮮袋或塑料保鮮膜都能有效防止空氣進入，保持甜點口感。

3. 冰箱冷藏
含有奶油、鮮奶油、奶油乳酪或其他易變質成分的甜點，應放入冰箱冷藏。這類甜點包括慕斯蛋糕、奶凍和含奶油的派等，冷藏能延長甜點保鮮期，通常可保存 2～3 天，冷藏前最好使用保鮮膜覆蓋，防止吸收冰箱內異味。

4. 冷凍保存
需長期保存的甜點，可以冷凍保存。將甜點切成小份，用保鮮袋或密封盒包裝好，放入冷凍。冷凍保存能延長甜點保鮮期，通常可保存 1～2 個月，食用前提前在冰箱內解凍，避免在室溫下直接解凍滋生細菌。

5. 標記日期
在保存容器上標記製作日期和保存期限，幫助追蹤甜點保存時間，確保在最佳食用期內享用，尤其是冷凍保存的甜點，標記日期能防止忘記可食用時間。

6. 避免陽光直射
儲存甜點時應避免陽光直射，因為陽光會加速甜點變質過程。將甜點放在陰涼乾燥的地方，能保持其新鮮度和口感。

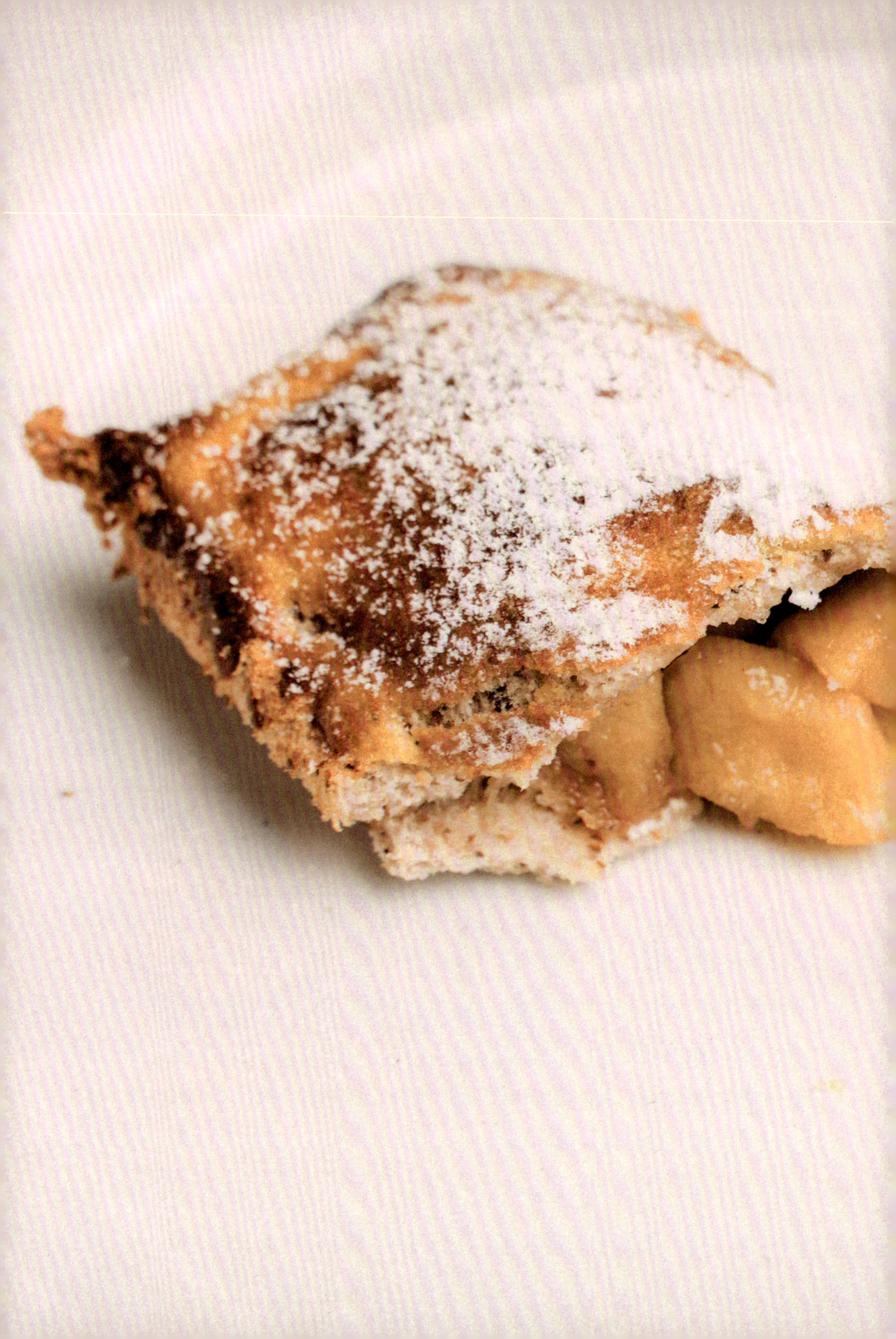

CHAPTER 2

水果類
Fruits

做甜點時，我常會先看冰箱裡有什麼水果，它們總是最單純、最不會出錯的選擇，不用太多糖，也能靠水果本身的甜味和香氣，讓整體變得自然又有層次。這一章收錄以水果為主角的低卡甜點，沒有複雜的裝飾，不需要堆疊太多材料，簡單、輕盈，卻很剛好。

低卡香蕉蛋糕
Banana Cake

這款高蛋白香蕉蛋糕無糖無油，還富含有蛋白質，是減脂期的理想選擇，沒有難以操作的複雜步驟，簡簡單單就能享受營養滿分的美味點心。

準備：約 15 分鐘
烘烤：約 25 ～ 30 分鐘
烤箱需求：上下火 180°C

材料 INGREDIDNTS

熟香蕉 2 根	燕麥粉 80 克
雞蛋 2 顆	海鹽 適量
奇亞籽 10 克	泡打粉 1 茶匙
蛋白粉 30 克	

作法 METHODS

1. 香蕉放入碗中壓碎。
2. 打入雞蛋，攪拌均勻。
3. 加入奇亞籽、蛋白粉、燕麥粉、海鹽和泡打粉，攪拌均勻。
4. 混合好的麵糊倒入模具，並在表面裝飾香蕉片。
5. 模具放入預熱至 180°C 的烤箱，烘烤 40～45 分鐘，直到蛋糕熟透。
6. 放涼後脫模，即可享用。

常見問題 Q&A

1. 蛋糕烤出來太濕？
如果蛋糕烤出來感覺有點濕，可適當延長烘烤時間，確保蛋糕中心完全熟透，或是減少香蕉用量。

2. 蛋糕表面為什麼會裂開？
蛋糕表面裂開是因為烘烤時膨脹的結果，是正常現象，不影響口感。若想減少裂縫，烘烤前在麵糊表面輕劃上一道線，讓蛋糕有規律地裂開。

藍莓馬芬
Blueberry Muffin

藍莓的微酸和馬芬的香甜,在嘴裡融合卻不膩口,熱量低、高纖維,簡單好操作,即便是烘焙新手,也能毫不手忙腳亂,輕鬆完成這道點心。

準備:約 15 分鐘
烘烤:約 25 分鐘
烤箱需求:上下火 180°C

材料 INGREDIDNTS

雞蛋　1 顆	赤藻糖醇　40 克
燕麥奶　120 毫升	藍莓　110 克
燕麥粉　200 克	
泡打粉　3 克	

作法 METHODS

1. 燕麥粉與赤藻糖醇混合均勻。
2. 依序加入其餘材料,攪拌混合。
3. 攪拌至呈現滑順麵糊狀態。
4. 麵糊倒入模具。
5. 放入預熱至 180°C 的烤箱,烘烤 25 分鐘。

常見問題 Q&A

1. 馬芬好像太乾?
成品若感覺有點乾,可適量增加燕麥奶用量,或減少烘烤時間,讓口感更濕潤。

2. 藍莓下沉怎麼辦?
烘烤過程中藍莓可能會下沉,所以在加入麵糊前,藍莓可先輕輕裹上一層燕麥粉,這樣就能避免藍莓下沉。

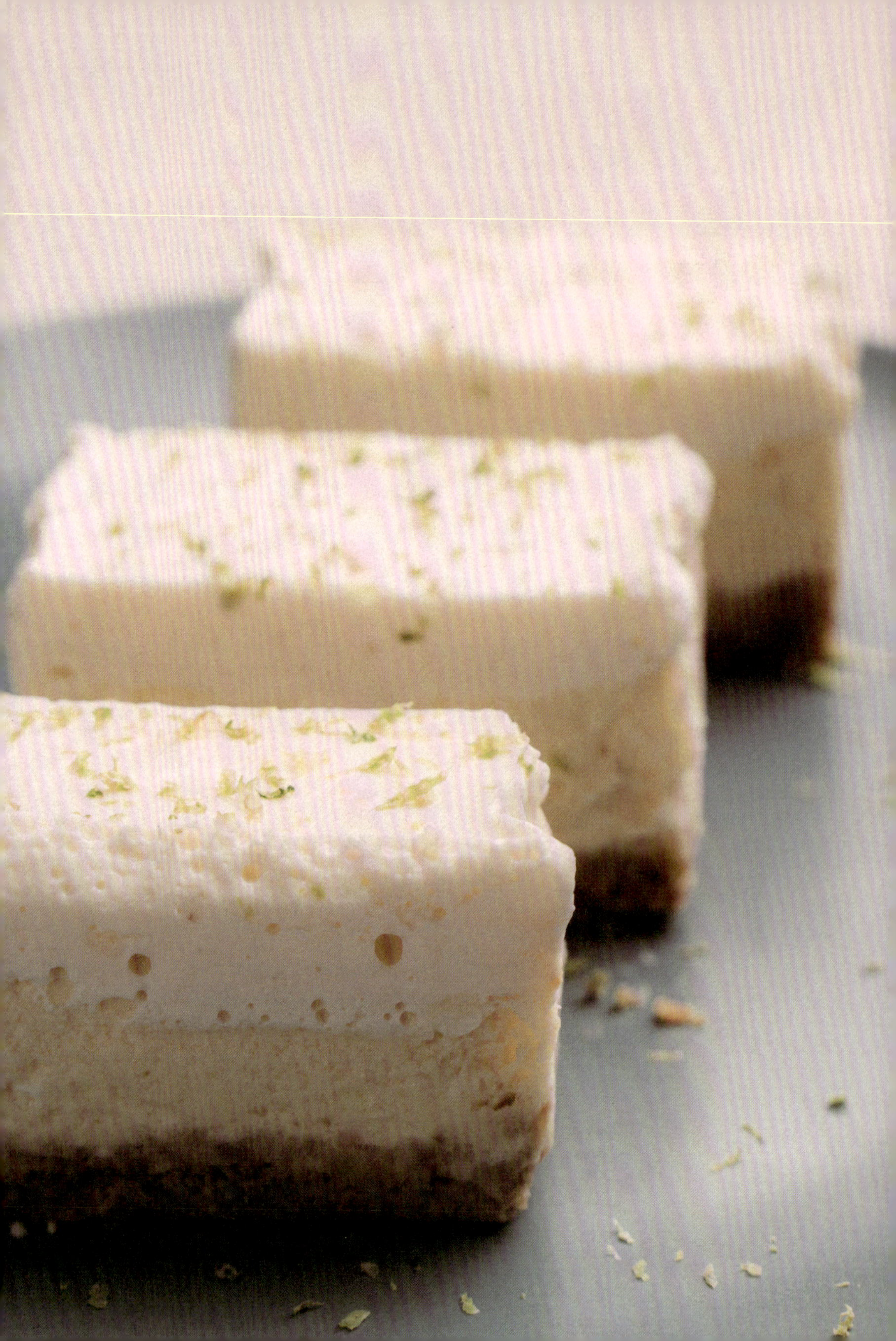

CHAPTER2 Fruits 水果類

檸檬乳酪蛋糕
Lemon Cheesecake

這款雙層乳酪蛋糕，底層滑順綿密，上層冰涼細緻，優格與白巧克力的搭配，讓蛋糕甜中帶酸、清爽不膩，同時又不失乳酪濃郁口感，最後以檸檬點綴，增添清新檸檬香氣。

- 準備：約 20 分鐘
- 烘烤：約 30 分鐘
- 冷藏：至少 4 小時（建議隔夜風味最佳）
- 烤箱需求：上下火 160°C

材料 INGREDIDNTS

—乳酪層—
消化餅乾　60 克
奶油　20 克
奶油乳酪　100 克
赤藻糖醇　25 克
檸檬汁　15 克
希臘優格　100 克
雞蛋　1 顆
玉米澱粉　7 克

—頂層—
奶油乳酪　50 克
白巧克力　30 克
吉利丁粉　2.5 克
希臘優格　100 克
冷開水：12～15 克（泡吉利丁粉用）
檸檬皮屑：適量（裝飾用）

045

作法 METHODS

1. 消化餅乾壓碎，與融化奶油混合後壓入模具底部，製作餅乾底，冷藏備用。
2. 奶油乳酪、赤藻糖醇、檸檬汁、希臘優格、雞蛋與玉米澱粉混合，攪拌至均勻滑順。
3. 乳酪糊倒入餅乾底上，抹平表面，放入預熱至 160°C 的烤箱，烘烤 30 分鐘。烤好後放涼備用。

4. 吉利丁粉與冷開水混合，靜置 5 分鐘吸水膨脹，備用。
5. 白巧克力隔水加熱融化，加入軟化的奶油乳酪，攪拌至乳霜狀。
6. 加入泡發好的吉利丁粉，直接與白巧克力乳酪混合攪拌至完全融合。

CHAPTER2 Fruits 水果類

⑦ ⑧ ⑨

7. 加入希臘優格，攪拌成光滑的頂層慕斯糊。
8. 將頂層混合物倒在已冷卻的乳酪蛋糕上，抹平表面，放入冰箱冷藏至少 4 小時使其凝固。
9. 食用前灑上檸檬皮屑做裝飾，即可享用。

---| 常見問題 Q&A |---

1. 乳酪糊要過篩嗎？
建議過篩一次，可去除顆粒或未融合的材料，讓乳酪層更滑順細緻，烘烤後口感也更均勻。

2. 可以用其他餅乾代替消化餅嗎？
可以，可以用 OREO（去餡）或全麥餅乾替代，只要酥脆不易回潮，搭配奶油壓實就能成為穩定的餅乾底。

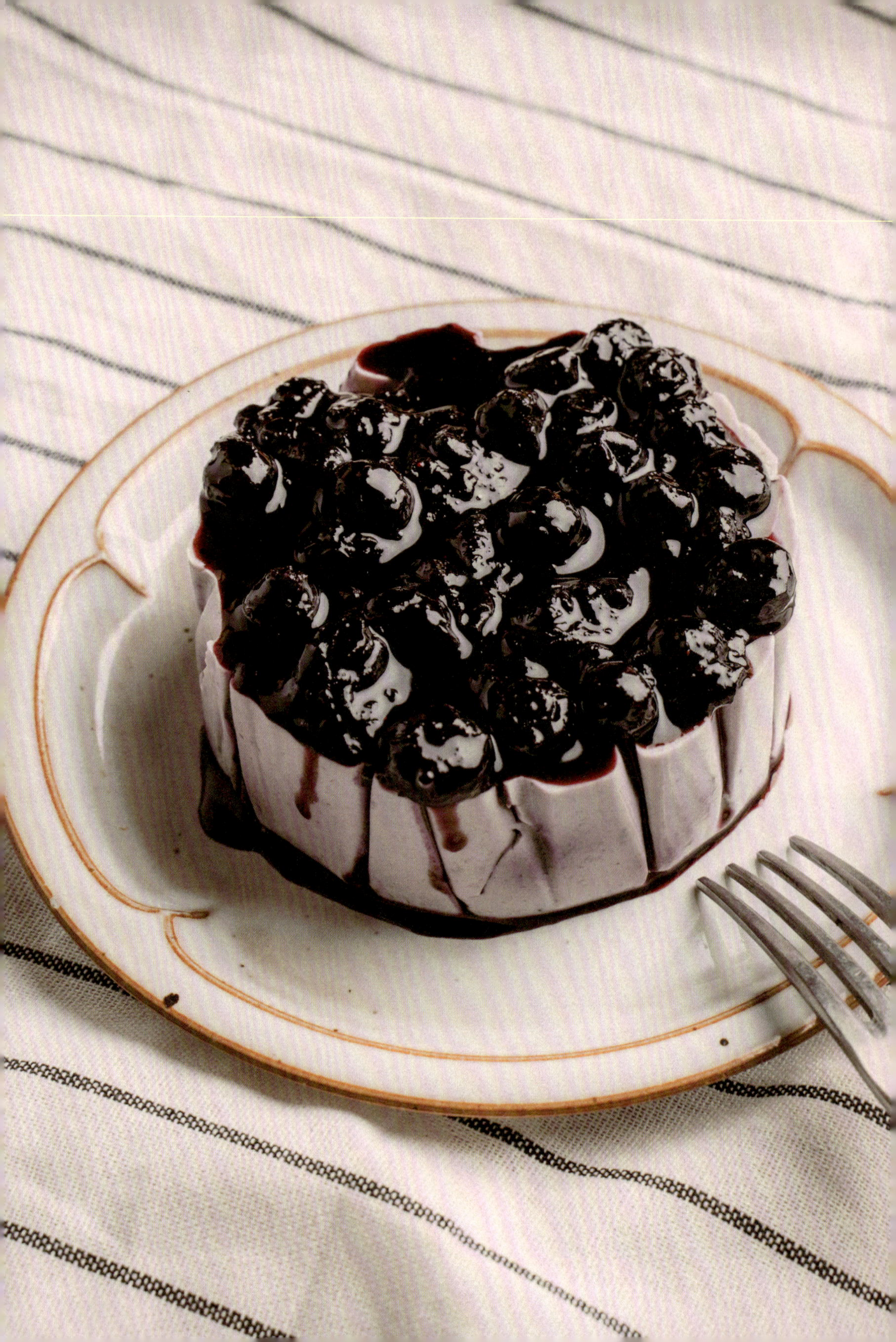

藍莓優格慕斯
Blueberry Yogurt Mousse

這款藍莓慕斯採用真材實料的藍莓熬煮果醬，搭配優格與牛奶製成綿密滑順的慕斯體，吃起來清爽、低糖、無負擔，且冷藏後入口即化，酸甜度剛剛好，超級適合夏天！

準備：約 15 分鐘
冷藏：約 4 小時以上

材料 INGREDIDNTS

藍莓　120 克　　牛奶　200 毫升
代糖　30 克　　　吉利丁粉　10 克
檸檬汁　5 克　　 開水　50 毫升（泡吉利丁粉用）
無糖優格　200 克

作法 METHODS

1. 藍莓、代糖與檸檬汁放入小鍋中,小火熬煮約 5～8 分鐘,煮至果醬濃稠狀態後關火,放涼備用。
2. 吉利丁粉倒入 50 毫升的冷開水中,靜置 5 分鐘至吸水膨脹備用。
3. 牛奶倒入小鍋中加熱至溫熱(約 60～70°C),關火倒入泡過冷水的吉利丁粉,攪拌至完全融化。   
4. 將放涼的藍莓果醬與優格混合攪拌均勻,形成紫色濃滑基底。

CHAPTER2 Fruits 水果類

⑤ ⑤ ⑥

5. 把加入吉利丁粉的牛奶液,慢慢倒入藍莓優格中,邊倒邊攪拌,混合成均勻的慕斯液。
6. 慕斯液倒入模具,輕敲排氣泡,放入冰箱冷藏至少 4 小時,凝固後即可享用。

―| 常見問題 Q&A |―

1. 為什麼慕斯不凝固?
可能是吉利丁粉泡水不充分,或溫度太低未完全溶解,要確保使用熱牛奶攪拌至完全融化後再混合。

2. 可以用吉利丁片代替嗎?
可以,10 克吉利丁粉約可替換成 5 片吉利丁片,先泡冷水軟化,再加入熱牛奶中融化即可。

051

全麥土司蘋果派
Whole Wheat Toast Apple Pie

使用全麥土司作派皮，搭配酸中帶點甜的蘋果內餡，吃起來不只口感酥脆且健康美味，是款不需擔心熱量，可大口享用的甜點。

準備：約 20 分鐘
烘烤：約 10 分鐘
烤箱需求：上下火 180°C

材料 INGREDIDNTS

全麥土司　2 片　　　肉桂粉　適量
蘋果　1 顆　　　　　蛋液　適量
赤藻糖醇　適量
蜂蜜　適量

CHAPTER2 Fruits 水果類

作法 METHODS

1. 蘋果削皮切丁,在平底鍋中用少許油炒蘋果丁,直到蘋果變軟,加入適量赤藻糖醇、蜂蜜和肉桂粉,繼續翻炒均勻,然後放涼備用。
2. 全麥土司去邊,用擀麵棍壓成薄片。
3. 取一片全麥土司,放上適量蘋果餡。
4. 土司對折,拿叉子壓緊四周封口,防止餡料溢出。
5. 在土司表面塗上適量蛋液,增加風味和顏色。
6. 蘋果派放入預熱至 180°C 的烤箱,烘烤 10 分鐘至表面金黃。

常見問題 Q&A

1. 蘋果派餡料會不會太濕?
蘋果餡料若過於濕潤,在炒蘋果時適量延長炒製時間,確保汁液收乾,這樣餡料就不會太濕潤。

2. 全麥土司做的派皮會不會太硬?
全麥土司壓平後會稍微硬一點,但這樣可增加派皮酥脆口感。如果喜歡更軟的派皮,可在烘烤前稍微刷上一層牛奶。

低卡檸檬塔
Lemon Tart

酸甜的檸檬滋味，搭配蜂蜜燕麥，肯定會讓你一口接一口，而且因為這個配方無油低糖低熱量，就算吃多了也不怕對身體有負擔。

準備：約 30 分鐘
烘烤：約 20 分鐘
烤箱需求：上下火 180°C

材料 INGREDIDNTS

——燕麥塔皮——
燕麥　100 克
蜂蜜　50 克
蛋白　35 克

——檸檬餡——
雞蛋　2 顆
檸檬汁　60 毫升
檸檬皮　1 顆
砂糖　30 克（可換成代糖）
杏仁粉　15 克

CHAPTER2 Fruits 水果類

1. 燕麥、蜂蜜和蛋白混合在一起，充分攪拌均勻。
2. 混合好的燕麥糊倒入烤模，用工具或手指壓平壓實，形成均勻的塔皮。
3. 壓好的塔皮放入預熱 180°C 的烤箱中，烘烤 10 分鐘至定型，取出放涼備用。
4. 檸檬皮和砂糖混合，靜置幾分鐘，讓檸檬皮釋放香氣。
5. 加入雞蛋攪拌均勻，接著加入檸檬汁和杏仁粉，繼續攪拌至均勻成檸檬餡。
6. 檸檬餡倒入烤好的燕麥塔皮中，抹平表面。
7. 填充好的檸檬塔放入烤箱，以 180°C 烘烤 20 分鐘，直至檸檬餡凝固。出爐後撒上檸檬皮屑裝飾即可。

| 常見問題 Q&A |

1. 塔皮太脆或太軟怎麼辦？
塔皮太脆，可縮短烘烤時間，確保燕麥塔皮不會過度烤乾；如果塔皮太軟，可增加烘烤時間，確保定型。

2. 檸檬餡不凝固怎麼辦？
檸檬餡不凝固可能是因為雞蛋和檸檬汁混合不夠均勻，或烘烤時間不足，可延長烘烤時間，直至檸檬餡完全凝固。

055

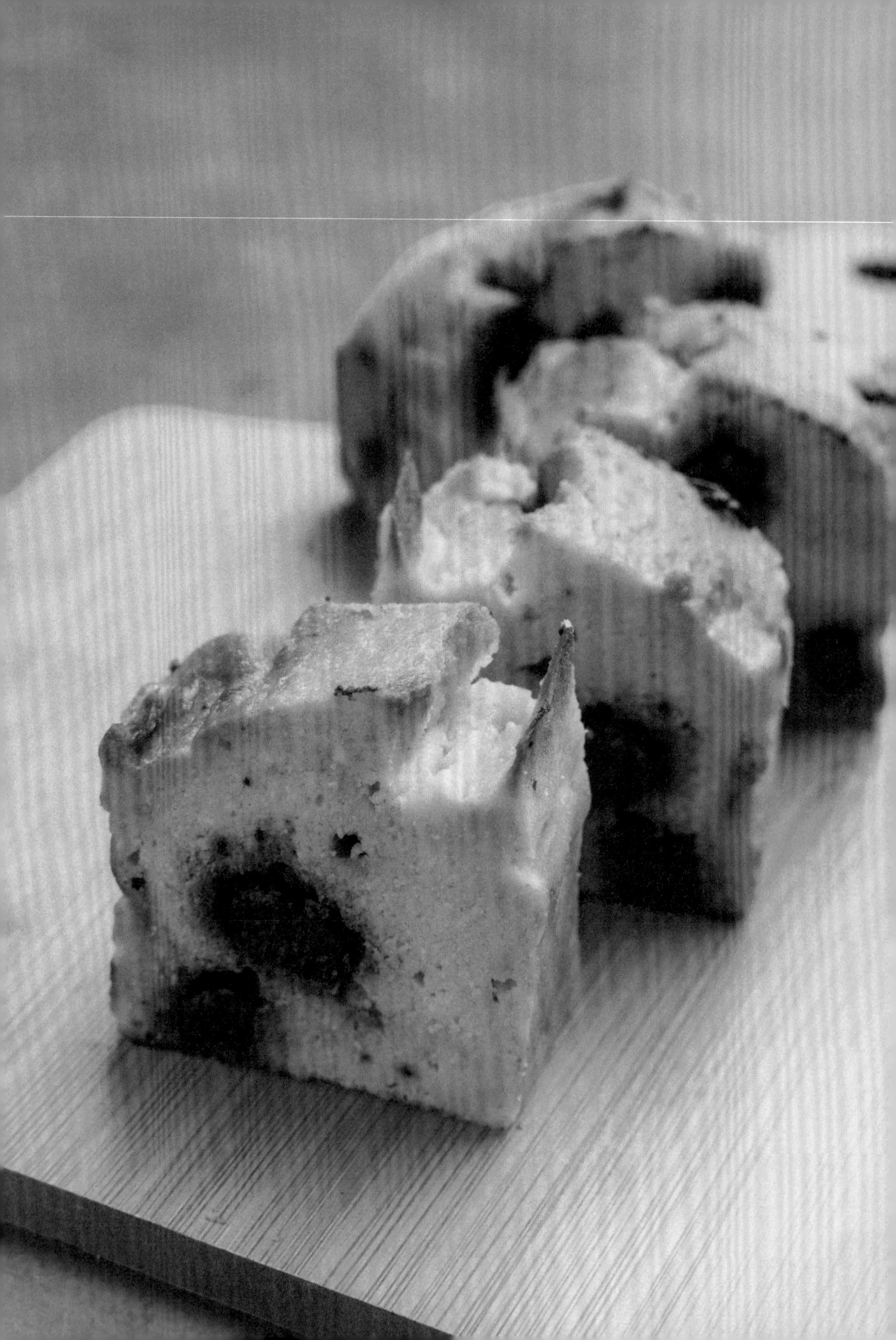

無 麵 粉 藍 莓 蛋 糕
Blueberry Cake

這款蛋糕全程不用麵粉,改以杏仁粉取代,搭配藍莓的微酸與奶油乳酪的濃郁香氣,蛋糕體濕潤鬆軟,最後刷上一層輕甜糖霜,來增添光澤與風味層次。

- 準備:約 15 分鐘
- 烘烤:約 40 分鐘(分段)
- 烤箱需求:170 度 20 分鐘
  140 度 20 分鐘

材料 INGREDIDNTS

—蛋糕體—
藍莓　50 克
無鹽奶油　20 克
鮮奶油　30 克
奶油乳酪　55 克

杏仁粉　90 克
雞蛋　2 顆
赤藻糖醇　30 克

—糖霜—
赤藻糖醇　50 克
水　1 大湯匙(約 15 ml)

作法 METHODS

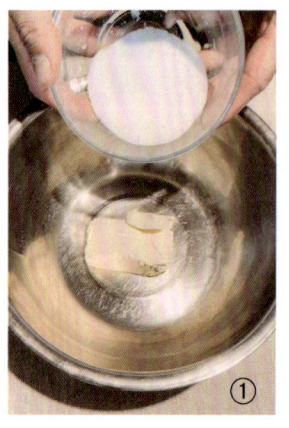

1. 奶油乳酪提前回溫至軟化,放入大碗中加入赤藻糖醇,攪拌至順滑。
2. 加入無鹽奶油與鮮奶油,繼續攪拌至乳化均勻。

3. 分次加入雞蛋,攪拌至蛋液完全融合。
4. 加入杏仁粉,翻拌混合成均勻麵糊。
5. 倒入藍莓,輕柔攪拌至分布均勻。

CHAPTER2 Fruits 水果類

⑥　⑦　⑩

6. 麵糊倒入模具，表面抹平，輕敲模具釋放氣泡。
7. 放入預熱至 170°C 的烤箱，先烘烤 20 分鐘，再轉 140°C 烘烤 20 分鐘。
8. 出爐後放涼備用。
9. 赤藻糖醇與水加熱煮至糖融化成透明糖水，關火放涼。
10. 糖水均勻刷在蛋糕表面，即完成。

| 常見問題 Q&A |

1. 蛋糕太濕或太乾怎麼辦？
杏仁粉蛋糕屬於濕潤型，若偏濕可適度延長 140°C 烘烤時間 5 分鐘；偏乾則可稍微減少烘烤時間或蛋糕厚度。

2. 可以不刷糖霜嗎？
可以，糖霜屬於裝飾與增加濕潤度的加分項目，不刷糖霜蛋糕依然香濃可口。

059

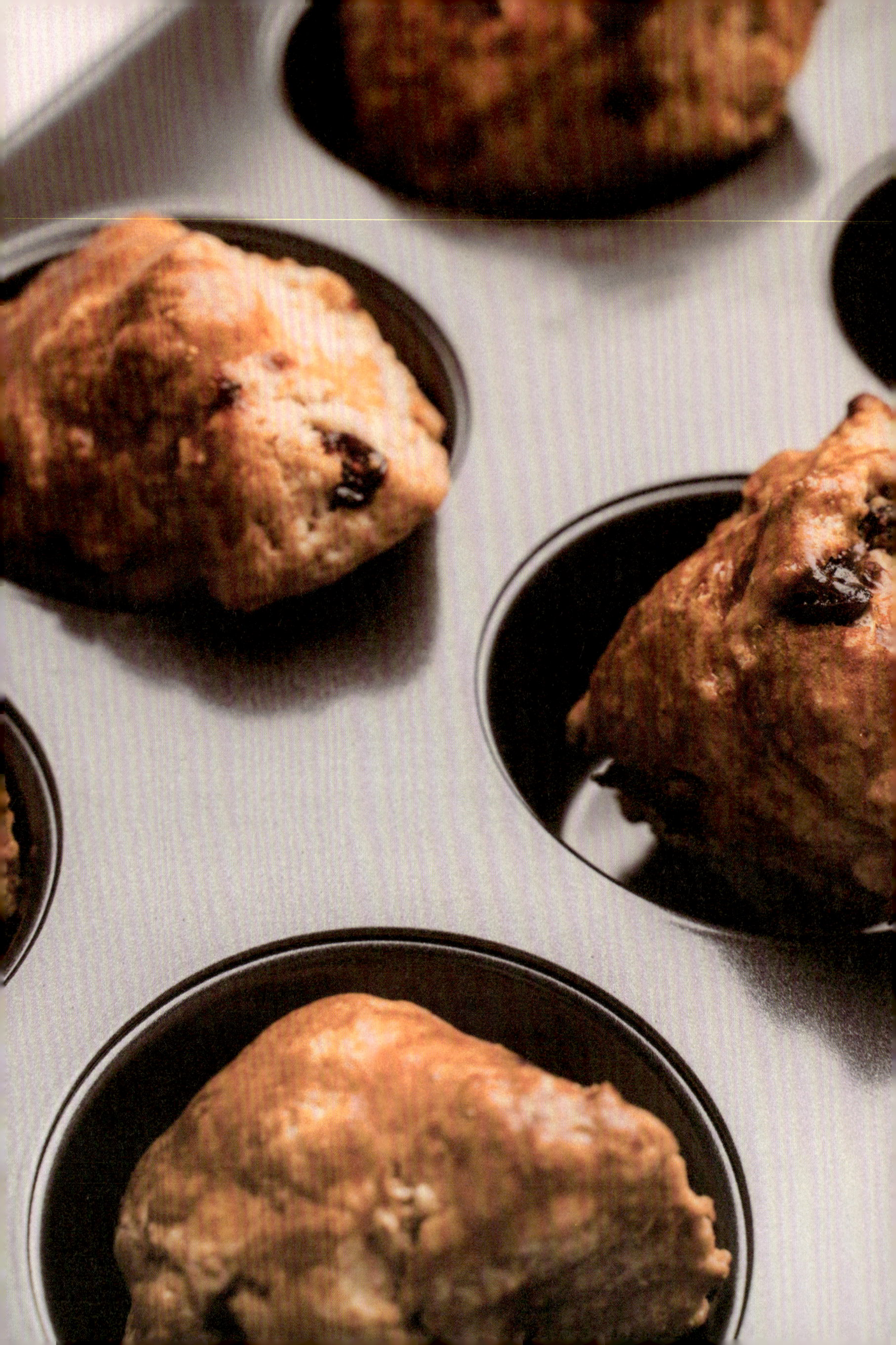

CHAPTER2 Fruits 水果類

全麥蔓越莓司康
Whole Wheat Cranberry Scone

因為加入蔓越莓,因此這款司康不只可以吃的健康,吃在嘴裡還多了一點酸酸甜甜的味道,是一款相當適合搭配茶或咖啡的甜點。

準備:約 20 分鐘
烘烤:約 25 分鐘
烤箱需求:上下火 180°C

材料 INGREDIDNTS

低筋麵粉　100 克	奶油　40 克
全麥麵粉　50 克	蔓越莓　適量
代糖　15 克	牛奶　50 克
泡打粉　5 克	蛋液　1 顆(刷表面)
鹽　2 克	

061

作法 METHODS

1. 低筋麵粉、全麥麵粉、代糖、泡打粉和鹽混合均勻。
2. 冷藏的奶油切小塊,加入乾性材料中,用手搓揉成粗糙的麵粉奶油混合物。

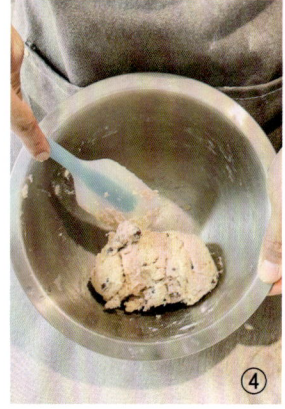

3. 加入適量蔓越莓,拌勻。
4. 加入牛奶,輕輕攪拌成麵糰,不要過度攪拌。

5. 麵糰放在輕微撒粉的工作檯上,輕輕拍平,切成三角形或圓形,放在烤盤上,表面刷上蛋液。
6. 烤盤放入預熱至 180°C 的烤箱中,烘烤 25 分鐘,直到司康表面金黃。

常見問題 Q&A

1. 司康為什麼不鬆軟?
可能是奶油和麵粉混合不夠均勻,或麵糰攪拌過度,確保奶油和麵粉混合時保持顆粒狀,並輕輕攪拌麵糰。

2. 麵糰不好操作怎麼辦?
如果麵糰不好操作,可以將麵糰冷藏約 30 分鐘,這樣麵糰會變得更容易處理,然後再繼續操作。

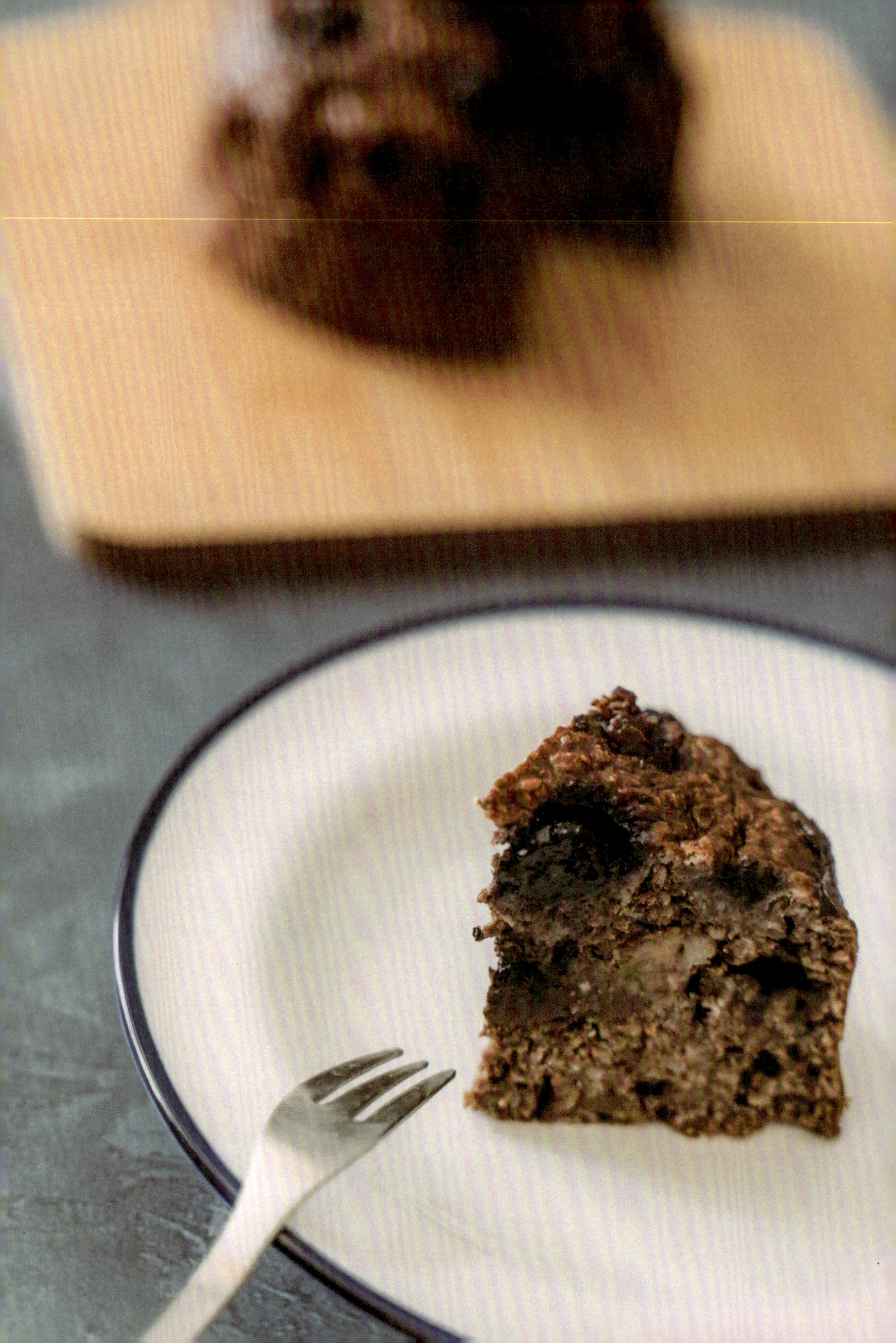

CHAPTER2 Fruits 水果類

藍莓燕麥巧克力蛋糕
Blueberry Oatmeal Chocolate Cake

這款燕麥蛋糕結合了藍莓的清甜與巧克力的濃郁，層次豐富、營養滿分，加上無麩質，相當健康，是早晨或下午茶的理想選擇。

準備：約 15 分鐘
烘烤：約 30 分鐘
烤箱需求：上下火 180°C

材料 INGREDIDNTS

即食燕麥　50 克	可可粉　15 克
希臘優格　50 克	泡打粉　5 克
牛奶　10 毫升	黑巧克力　適量
雞蛋　顆	藍莓　適量
香蕉　2 根	

065

作法 METHODS

1. 取一根香蕉放入碗中，用叉子壓成泥狀。
2. 在香蕉泥中加入燕麥、可可粉、泡打粉、雞蛋和希臘優格，攪拌均勻，再倒入牛奶拌勻，直至形成濃稠的麵糊。
3. 將一半的麵糊倒入鋪了烘焙紙的模具中，用刮刀抹平，中間鋪上黑巧克力、切片香蕉。   
4. 把剩餘的麵糊均勻倒入模具，抹平表面，然後放上藍莓。

5. 放入預熱至 180°C 的烤箱，烘烤約 30 分鐘，直至蛋糕熟透。

常見問題 Q&A

1. 不夠甜可以加糖嗎？
可以，在麵糊裡加入適量赤藻糖醇或蜂蜜調整甜度，也可以在表面淋上楓糖漿增添甜味。

2. 黑巧克力要用幾％？
建議使用 70％～ 85％的黑巧克力，濃郁的可可風味，可以和香蕉、藍莓本身具有的甜味做一個最好的平衡。

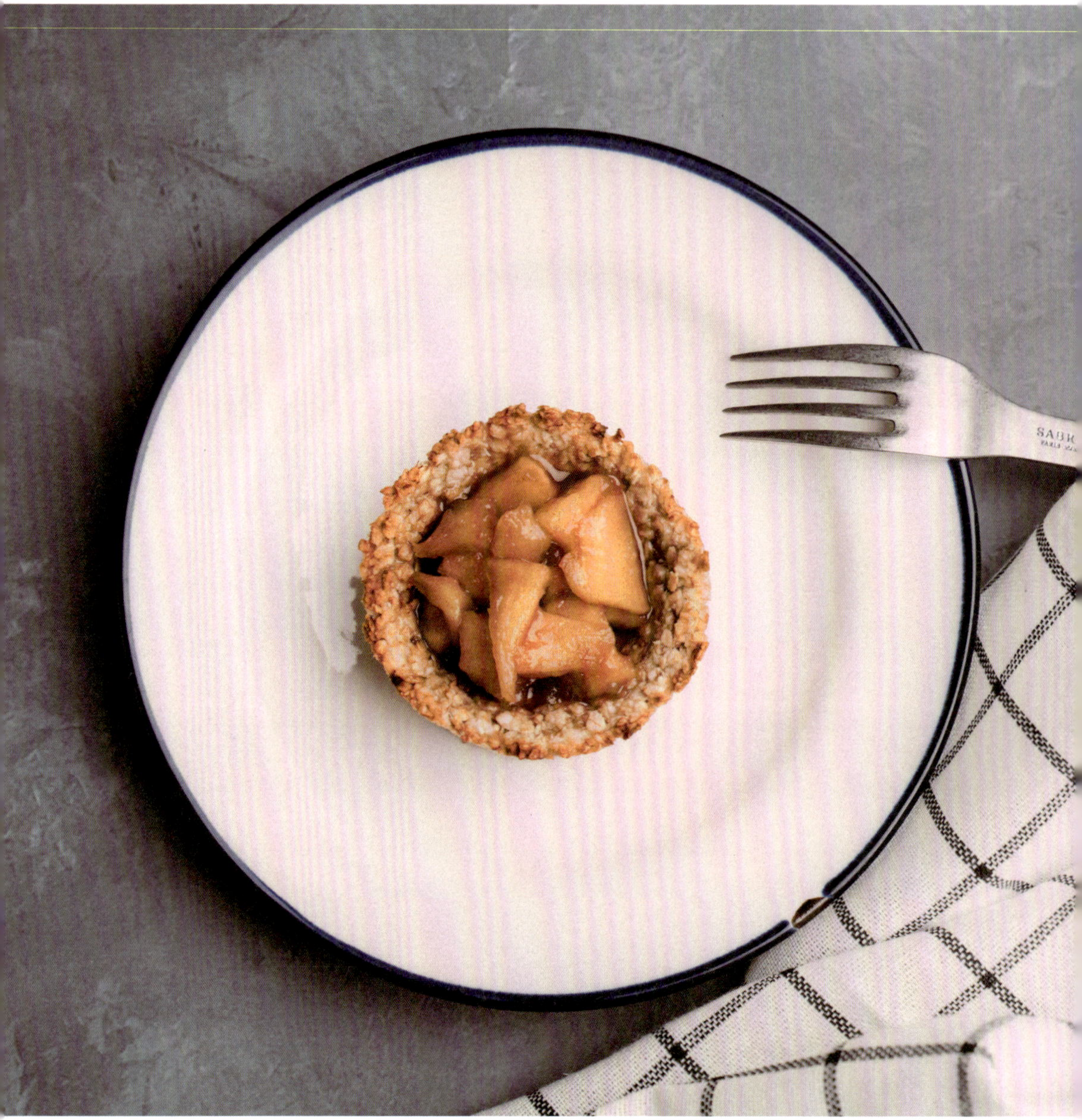

蘋果肉桂燕麥塔
Apple Cinnamon Oat Tart

這款燕麥塔結合了蘋果的香甜與肉桂的溫暖香氣，搭配酥脆的燕麥塔皮，口感豐富且健康，適合作為早餐或下午茶點心。

準備：約 20 ～ 25 分鐘
烘烤：約 10 分鐘
烤箱需求：上下火 180°C

材料 INGREDIDNTS

香蕉　1 根	零卡糖　20 克
蘋果　1 顆	水　50 毫升
燕麥　80 克	玉米澱粉　5 克
肉桂粉　適量	

作法 METHODS

1. 香蕉放入碗中,用叉子壓成泥狀。
2. 燕麥加入香蕉泥中,攪拌均勻後壓入模具。
3. 模具放入預熱至 180°C 的烤箱,烘烤約 10 分鐘,讓塔皮定型。

4. 蘋果去皮切塊,放入鍋中,加入零卡糖、適量肉桂粉,用中火翻炒,直至蘋果軟化。
5. 玉米澱粉用 50 毫升的水調勻,慢慢倒入鍋中,繼續翻炒,煮至餡料濃稠且有光澤。

CHAPTER2 Fruits 水果類

6. 蘋果餡倒入定型的燕麥塔中，用湯匙整理平整，稍微放涼即可享用。

── 常見問題 Q&A ──

1. 如果不喜歡肉桂，可以用什麼替代？
可以用香草精、檸檬皮屑或蜂蜜來替代肉桂，為蘋果餡料增添不同風味。

Q2: 香蕉可以用什麼取代？
可以選用蛋白、蜂蜜或地瓜等食材替換。

071

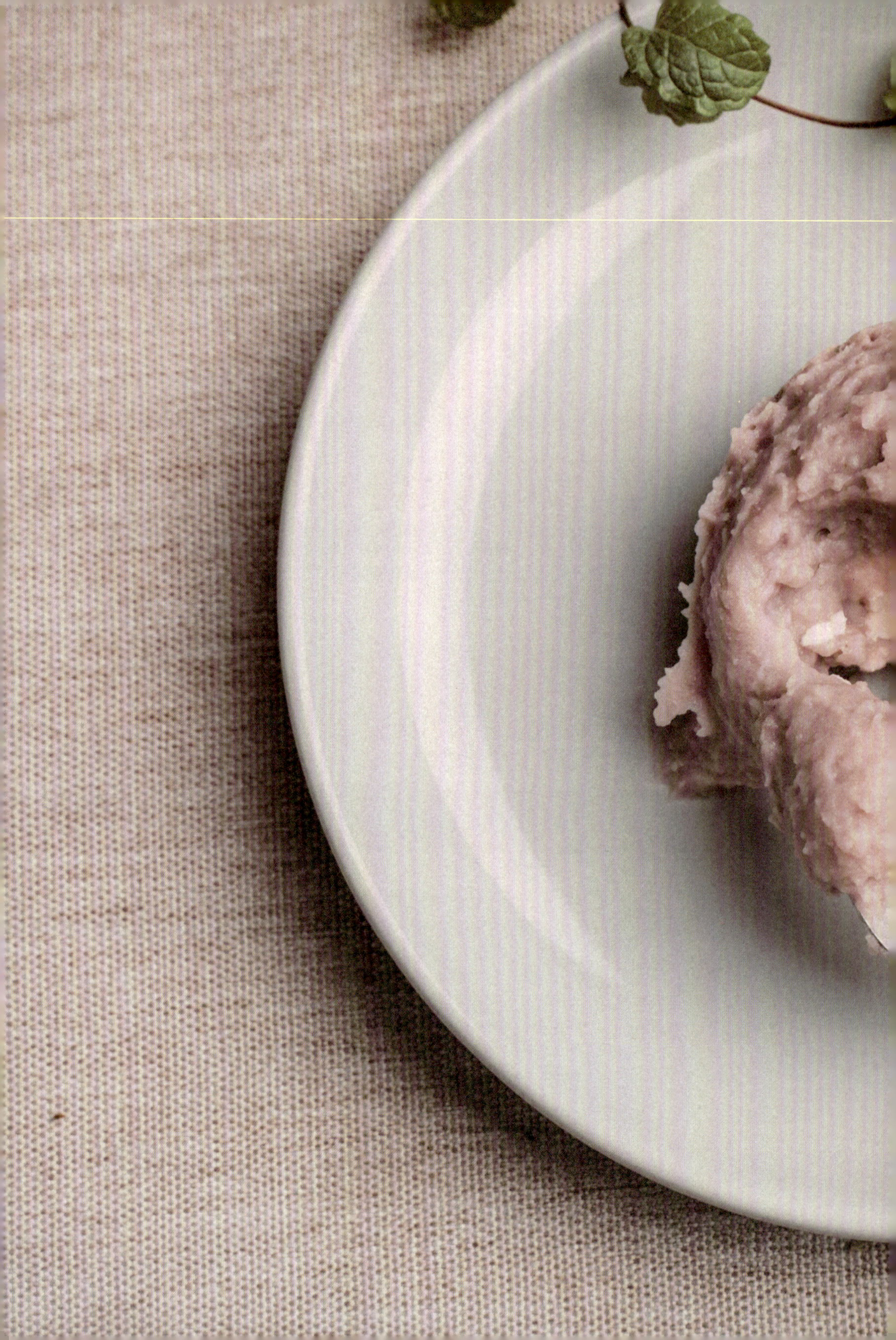

CHAPTER 3

根莖類
Rhizome

地瓜、芋頭、南瓜這些根莖類食材,不僅是日常飲食中的營養主角,更是甜點世界裡滿足低卡的完美選擇。它們天然的甘甜與綿密的口感,讓甜點在不加糖的情況下,也能帶來滿滿的幸福感。這一章,將探索如何用這些根莖類食材,打造出既健康又充滿自然風味的甜點。

芋泥巴斯克
Taro Basque Cheesecake

結合口感同樣滑順的芋泥與乳酪,吃在嘴裡更能突顯綿滑感受,藉由融合兩者香甜與濃郁風味,也讓質樸簡單的芋泥巴斯克美味層次提昇。

準備:約 20 分鐘
烘烤:約 30 分鐘
烤箱需求:上下火 180°C

材料 INGREDIDNTS

—芋泥—
芋頭　300 克
紫薯粉　5 克
牛奶　70 克
代糖　20 克

—乳酪—
希臘優格　200 克
雞蛋　2 顆
玉米澱粉　20 克
代糖　30 克

CHAPTER3 Rhizome 根莖類

1. 芋頭蒸熟，與紫薯粉、牛奶、代糖混合，搗成泥後，放入模具底層，壓實。
2. 希臘優格、雞蛋、玉米澱粉和代糖混合，攪拌均勻。
3. 將步驟 2 的混合物倒入鋪好芋泥的模具中。
4. 放入預熱至 180°C 的烤箱，烘烤 30 分鐘，直到表面金黃，蛋糕熟透。

| 常見問題 Q&A |

1. 可以用氣炸鍋烤嗎？
可以，建議設定 180°C，烘烤約 15 分鐘，表面上色即可，中心微微晃動是正常的，冷藏後口感會更濃郁綿密。

2. 蛋糕要怎麼保存？
建議用保鮮膜包好或放入密封盒冷藏保存，賞味最佳期限為 3～4 天，冰過後口感會更濃密紮實，但要確實封存好，才不會吸附冰箱裡的其它味道。

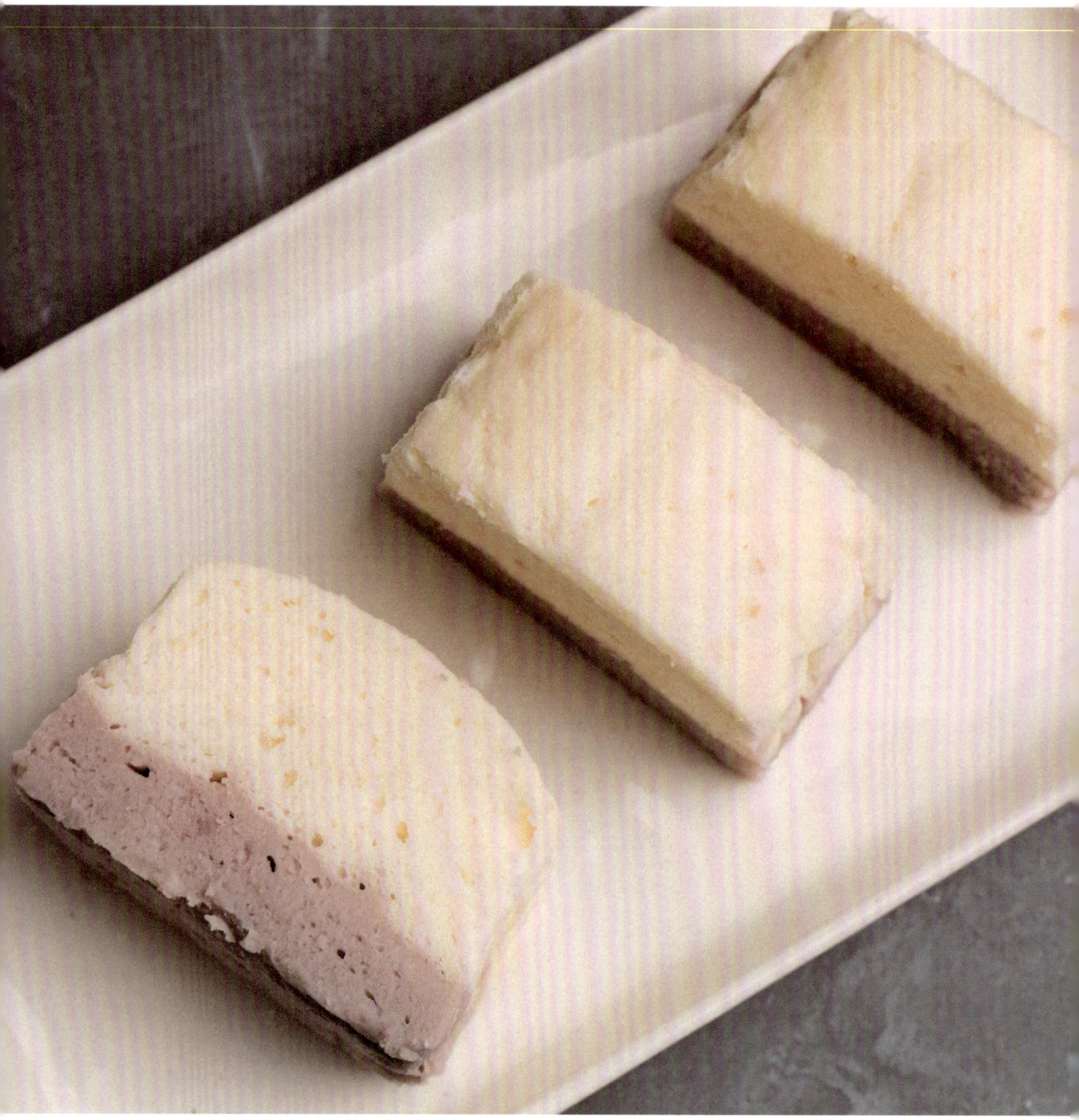

CHAPTER3 Rhizome 根莖類

芋泥優格蛋糕
Taro Yogurt Cake

不同於一般優格，質感較為濃稠的希臘優格，剛好與芋泥的綿密質地相當搭，將兩者相互結合後，成品更顯細膩且富有層次，同時又能兼顧美味與健康。

準備：約 20 分鐘
烘烤：水浴法烘烤約 35 分鐘
烤箱需求：上下火 150°C

材料 INGREDIDNTS

—芋泥—
芋頭　100 克
紫薯粉　3 克
代糖　5 克
牛奶　30 克

—優格蛋糕—
希臘優格　80 克
雞蛋　1 顆
代糖　10 克
低筋麵粉　30 克
檸檬汁　適量

作法 METHODS

1. 芋頭切塊,放入蒸鍋中蒸熟。
2. 蒸熟的芋頭搗成泥,加入紫薯粉、代糖和牛奶攪拌均勻,製成芋泥。
3. 芋泥放入模具底部,壓實。

4. 蛋白、蛋黃分開,分別放入兩個乾淨的碗中。
5. 在蛋黃中加入希臘優格、低筋麵粉和檸檬汁,攪拌均勻,直至沒有顆粒。
6. 在蛋白中加入代糖,打發至硬性發泡。
7. 打發的蛋白分次加入步驟 5 的混合物中,輕輕切拌均勻,避免消泡。

8. 將混合好的蛋糕糊倒入鋪有芋泥的模具中，抹平表面。
9. 模具放入一個較大的烤盤中，並在烤盤裡注入熱水，水量約為模具高度一半。
10. 烤盤放入預熱至 150°C 的烤箱，水浴法烘烤 35 分鐘，直到蛋糕熟透。

常見問題 Q&A

1. 要怎麼做，切拌時才不會容易消泡？
在混合蛋白和蛋黃時，要輕輕切拌而不是攪拌，這樣可以最大程度保持蛋白的空氣結構，避免消泡。

2. 為什麼蛋糕中心會塌陷？
通常是因為打蛋白過度、混合時消泡，或溫度忽高忽低。建議蛋白霜別過打，切拌手法溫柔，就能有效避免消泡。

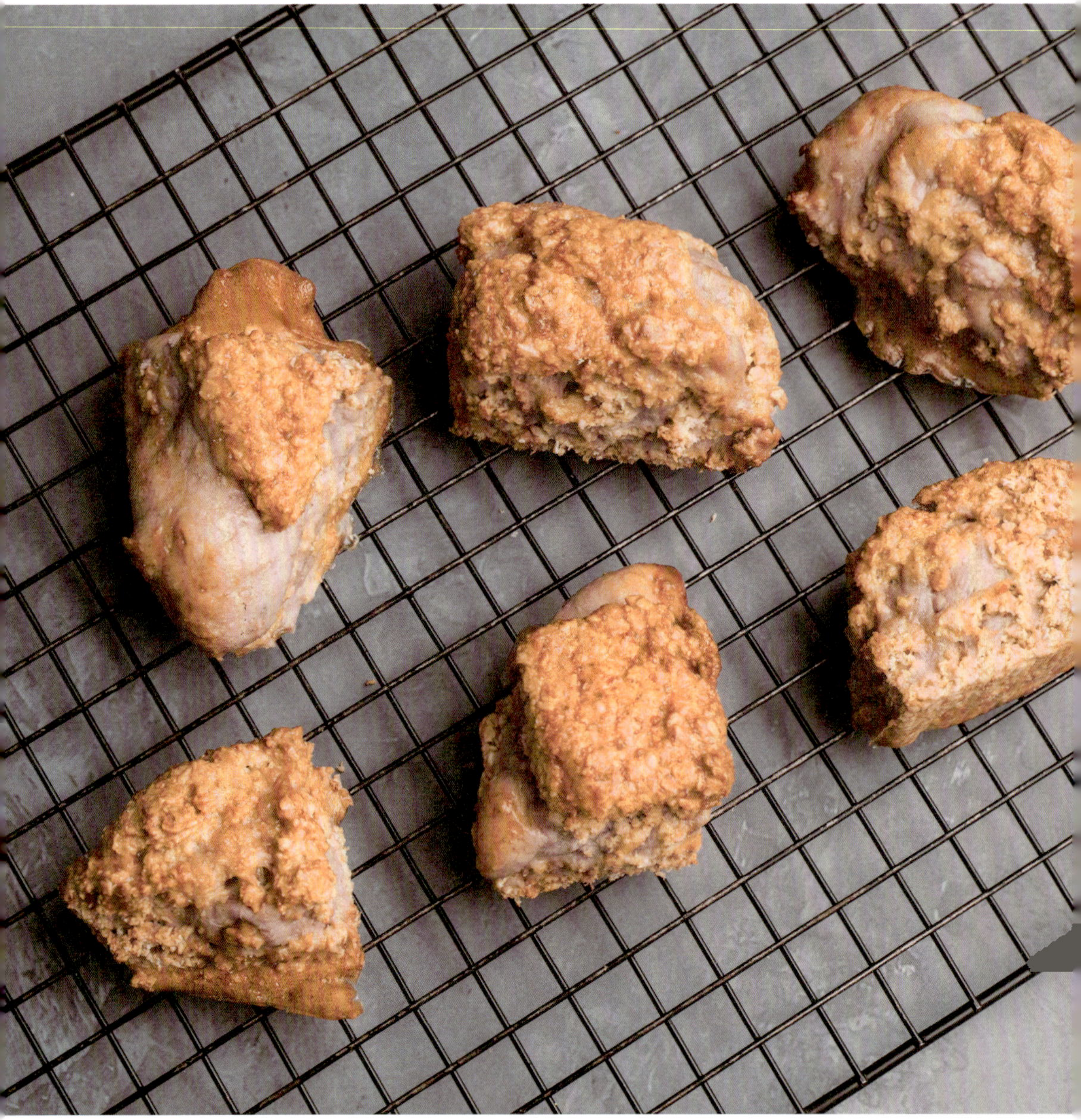

芋泥燕麥司康
Taro Oat Scone

在香甜的芋泥裡加入燕麥，除了讓甜點更營養健康外，同時也能使口感更為豐富，由於製作步驟並不難，不管什麼時候想吃，都能立刻動手作。

準備：約 30 分鐘
烘烤：約 22 分鐘
烤箱需求：上下火 180°C

材料 INGREDIDNTS

—司康—
燕麥粉　120 克
代糖　20 克
泡打粉　5 克
雞蛋　1 顆
牛奶　50 克

—芋泥—
芋頭　150 克
牛奶　30 克
紫薯粉　5 克
代糖　10 克

作法 METHODS

1. 芋頭切塊蒸熟，壓成泥，然後加入牛奶、紫薯粉和代糖，攪拌均勻，製成芋泥。
2. 燕麥粉、代糖和泡打粉混合均勻。
3. 雞蛋、牛奶加入乾性材料中，攪拌均勻，形成麵糰。

4. 用手或擀麵棍壓開麵糰，形成大約 1mm 厚的麵糰。
5. 芋泥均勻地抹在壓開的麵糰上。
6. 麵糰對折，再抹上一層芋泥。

CHAPTER3 Rhizome 根莖類

7. 麵糰切成 6 等份，放在烤盤上。
8. 在麵糰表面刷上蛋液，放入預熱至 180°C 的烤箱，烘烤 22 分鐘，直到表面金黃。

常見問題 Q&A

1. 做好怎麼保存？可以冷凍嗎？
放涼後裝袋密封，常溫可保存 1～2 天，冷藏 3 天內食用完畢。想延長保存可冷凍，回烤或氣炸加熱就能恢復酥香口感。

2. 為什麼要對折麵糰？
對折麵糰是為了增加司康層次，這樣烘烤後的司康口感會更豐富。

芋泥乳酪球
Taro Cheese Ball

這款結合香甜芋泥與濃郁的奶油乳酪的芋泥乳酪球，吃起來口感豐富，而且還是一道不用烤箱就能做的甜點。

準備：約 30 分鐘
冷藏：約 2～4 小時

材料 INGREDIDNTS

芋頭　300 克　　奶油乳酪　適量
紫薯粉　5 克
牛奶　90 克
代糖　10 克

作法 METHODS

1. 芋頭切塊蒸熟。
2. 蒸熟的芋頭壓成泥,加入紫薯粉、牛奶和代糖,攪拌均勻,形成光滑的芋泥。
3. 芋泥分成適當大小。
4. 取一份芋泥,壓平,放入適量奶油乳酪,然後包起來,搓成球形。
5. 芋泥乳酪球放入冰箱,冷藏約 30 分鐘,讓其定型。

| 常見問題 Q&A |

1. 為什麼芋泥乳酪球會散開?

芋泥乳酪球散開可能是因為芋泥混合不夠均勻或壓實不夠。確保芋頭充分蒸熟並搗成泥,在包入奶油乳酪時用力壓緊芋泥,使其緊密包裹住奶油乳酪。

芋泥蛋塔
Taro Egg Tart

這款芋泥蛋撻,是將香甜軟綿的芋泥,與嫩滑的蛋奶混合在一起,口感比起一般蛋塔更為滑順,而且不只好吃,也相當容易製作。

準備:約 20 分鐘
烘烤:約 25 分鐘
烤箱需求:上下火 180°C

材料 INGREDIDNTS

芋頭　300 克　　代糖　15 克
紫薯粉　5 克
牛奶　150 克
雞蛋　2 顆

作法 METHODS

1. 芋頭切塊蒸熟。
2. 蒸熟的芋頭與紫薯粉混合，搗成泥。
3. 芋泥壓入蛋撻模具中，形成塔皮。
4. 牛奶、雞蛋和代糖混合，攪拌均勻，然後過篩。
5. 過篩後的蛋奶液倒入已經壓好芋泥的模具中。
6. 模具放入預熱至 180°C 的烤箱，烘烤 25 分鐘，直到蛋奶液凝固。

┤ 常見問題 Q&A ├

1. 為什麼芋泥塔皮會散開？
芋泥塔皮散開可能是因為壓實不夠或混合物不夠黏稠。可以稍微加入一些麵糊增加結構支撐，避免散開。

2. 蛋奶液為什麼不凝固？
蛋奶液不凝固可能是因為烘烤時間不夠長或溫度不夠高。可適當延長烘烤時間或提高溫度，直到蛋奶液完全凝固。

南瓜巴斯克
Pumpkin Basque Cheesecake

結合南瓜自然甜味，和希臘優格濃郁的一道甜點，沒有過於繁複、難懂的製作步驟，但吃進嘴裡仍是會讓人感到幸福的美味。

準備：約 20 分鐘
烘烤：約 30 分鐘
烤箱需求：上下火 180°C

材料 INGREDIDNTS

希臘優格　200 克
雞蛋　2 顆
南瓜　200 克
玉米澱粉　15 克
代糖　15 克

作法 METHODS

1. 南瓜洗淨去皮切塊,放入蒸鍋中蒸熟,然後壓成泥。
2. 蒸熟的南瓜泥加入希臘優格,攪拌均勻。
3. 雞蛋打入南瓜優格混合物中,攪拌均勻。
4. 加入玉米澱粉、代糖,攪拌至光滑無顆粒後過篩,確保質地細膩。
5. 過篩後倒入模具,放入預熱至 180°C 的烤箱,烘烤 30 分鐘,直到表面金黃。

| 常見問題 Q&A |

1. 巴斯克蛋糕為什麼不均勻?
可能是因為混合物沒有充分攪拌或過篩不夠細緻。確保所有材料充分混合並過篩,使蛋糕質地更均勻。

2. 可以用其他甜味劑代替代糖嗎?
可以,可用其他甜味劑如蜂蜜、楓糖漿代替代糖,但要根據甜味劑的甜度適量調整用量。

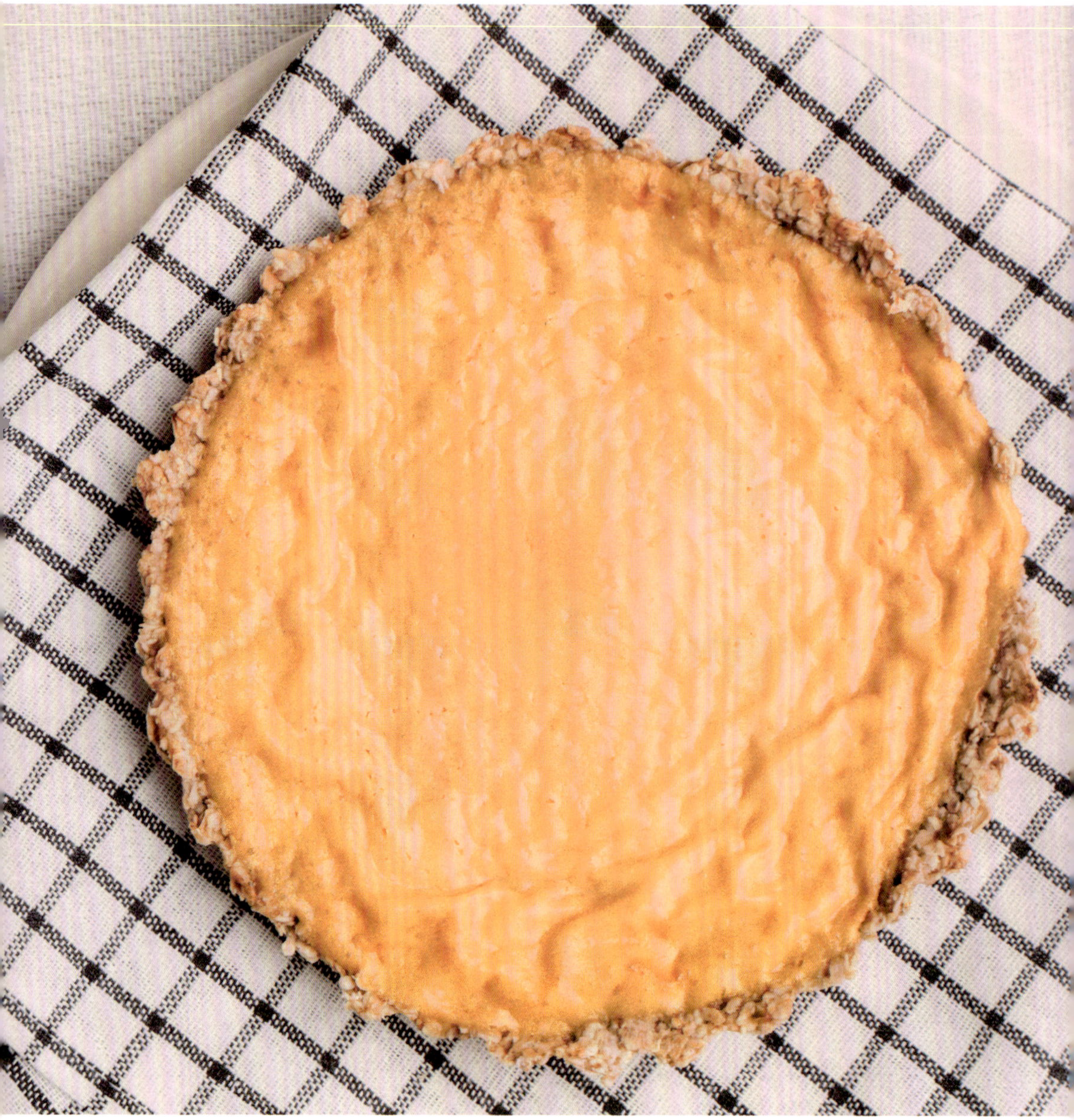

低卡南瓜派
Pumpkin Pie

這款南瓜派,雖然使用了健康的燕麥來做為塔皮,但南瓜內餡的天然甜味,讓這個派不需要額外添加糖分,吃起來依舊自然香甜,而且低卡健康。

準備:約 30 分鐘
烘烤:烤塔皮,烘烤 10 分鐘/烤內餡,烘烤 25 分鐘
烤箱需求:烤塔皮上下火 180°C
　　　　　烤內餡上下火 170°C

材料 INGREDIDNTS

—塔皮—
燕麥　160 克
香蕉　2 根

—內餡—
南瓜　300 克
雞蛋　1 顆
牛奶　50 克
低筋麵粉　35 克

作法 METHODS

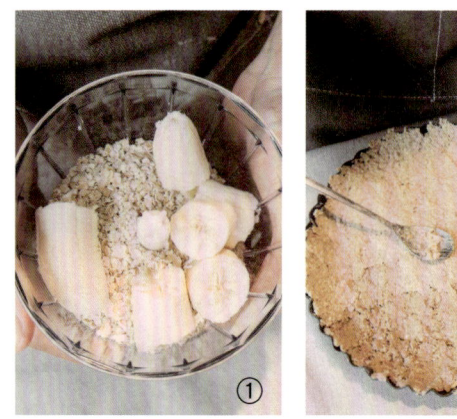

1. 燕麥和香蕉混合，用攪拌機打成糊狀，將糊狀物壓實在派模中，形成均勻的塔皮。
2. 壓實的塔皮放入預熱至 180°C 的烤箱，烘烤 10 分鐘，取出放涼。
3. 南瓜切塊蒸熟，然後壓成泥。

4. 南瓜泥、雞蛋、牛奶和低筋麵粉混合，攪拌均勻，做成南瓜內餡。
5. 做好的南瓜內餡倒入烤好的塔皮中，抹平表面。

6. 南瓜派放入預熱至 175°C 的烤箱，烘烤 25 分鐘，直至內餡凝固，取出放涼。

| 常見問題 Q&A |

1. 塔皮怎麼散開了？
如果塔皮散開，可能是因為壓實不夠或混合物不夠黏稠，可增加香蕉的量，或在壓實時用力壓緊。

2. 內餡不凝固怎麼辦？
如果內餡不凝固，可適當延長烘烤時間，確保內餡完全凝固。此外，確認雞蛋和南瓜泥的比例適當，這樣有助於內餡凝固。

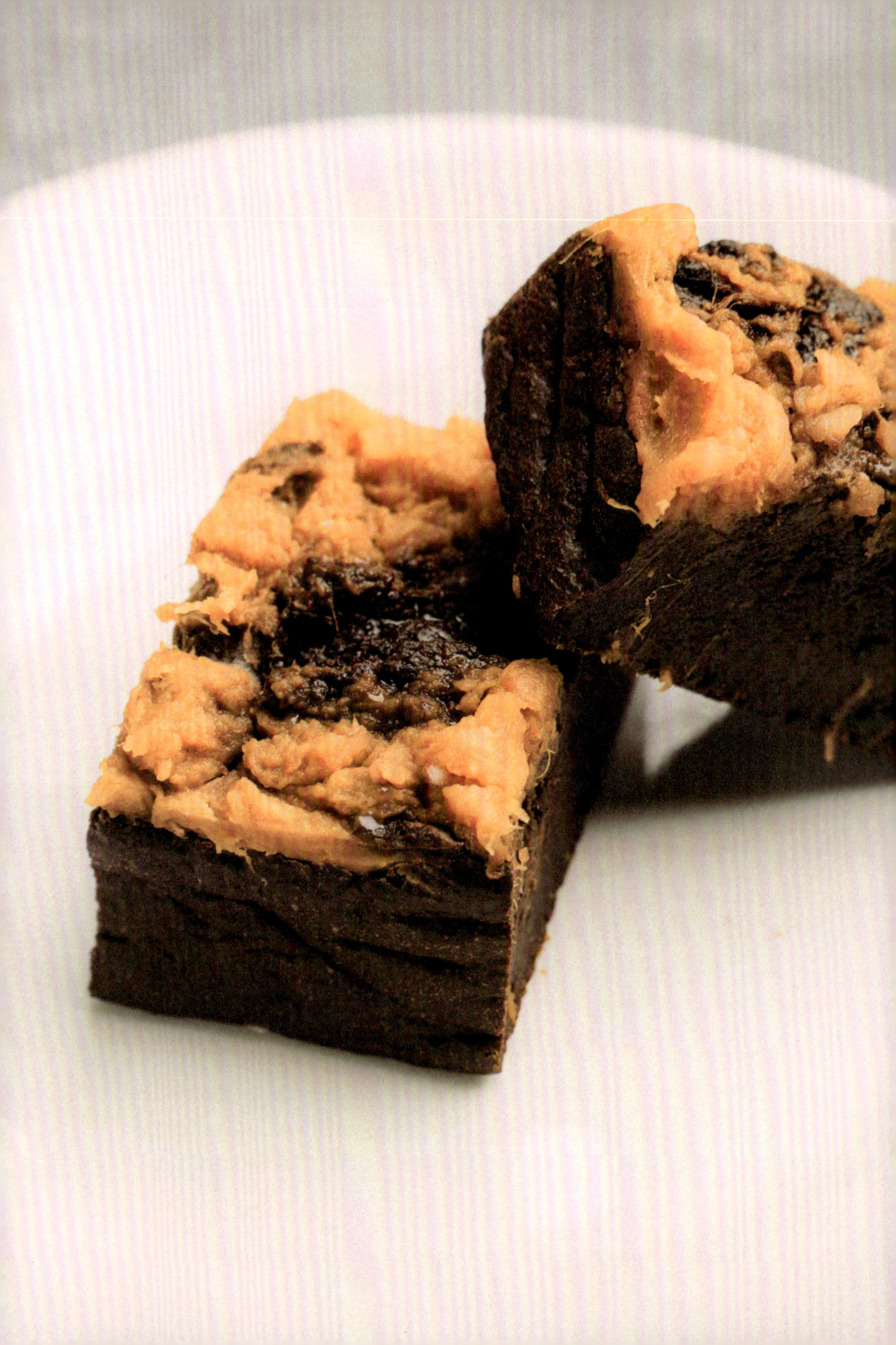

南瓜可可布朗尼
Pumpkin Cocoa Brownie

這款南瓜可可布朗尼,將健康的全麥和香濃的可可粉結合在一起,再配上南瓜層,口感豐富,是一道營養滿分的甜點。

準備:約 20 分鐘
烘烤:約 35 分鐘
烤箱需求:上下火 180°C

材料 INGREDIDNTS

—布朗尼層—
全麥麵粉　45 克
可可粉　20 克
泡打粉　3 克
代糖　10 克
蘋果泥　180 克
牛奶　50 克
雞蛋　1 顆

—南瓜層—
南瓜泥　200 克
牛奶　20 克
雞蛋　1 顆
肉桂粉　適量

作法 METHODS

1. 南瓜切塊蒸熟，然後壓成泥。
2. 蘋果泥、牛奶和雞蛋混合攪拌均勻。
3. 篩入全麥麵粉、可可粉、泡打粉和代糖，輕輕攪拌至混合均勻，不要過度攪拌。

4. 南瓜泥、牛奶、雞蛋和適量的肉桂粉混合，攪拌均勻。
5. 布朗尼麵糊倒入模具中，抹平表面。
6. 南瓜層混合物均勻倒在布朗尼層上。

7. 輕輕敲幾下模具，讓麵糊均勻分布並排除氣泡。
8. 模具放入預熱至 180°C 的烤箱，烘烤 35 分鐘，直到布朗尼熟透。

── 常見問題 Q&A ──

1. 布朗尼太濕黏是什麼原因？
布朗尼偏濕潤是正常的，但如果太濕可能是烘烤時間不足或南瓜泥含水量太高。可以延長烘烤 5 分鐘，或事先用廚房紙巾吸掉南瓜泥的多餘水分。

2. 蘋果泥可以用香蕉泥替代嗎？
可以，但風味會略有不同，香蕉泥甜味較高，建議仍以蘋果泥為主比較好。

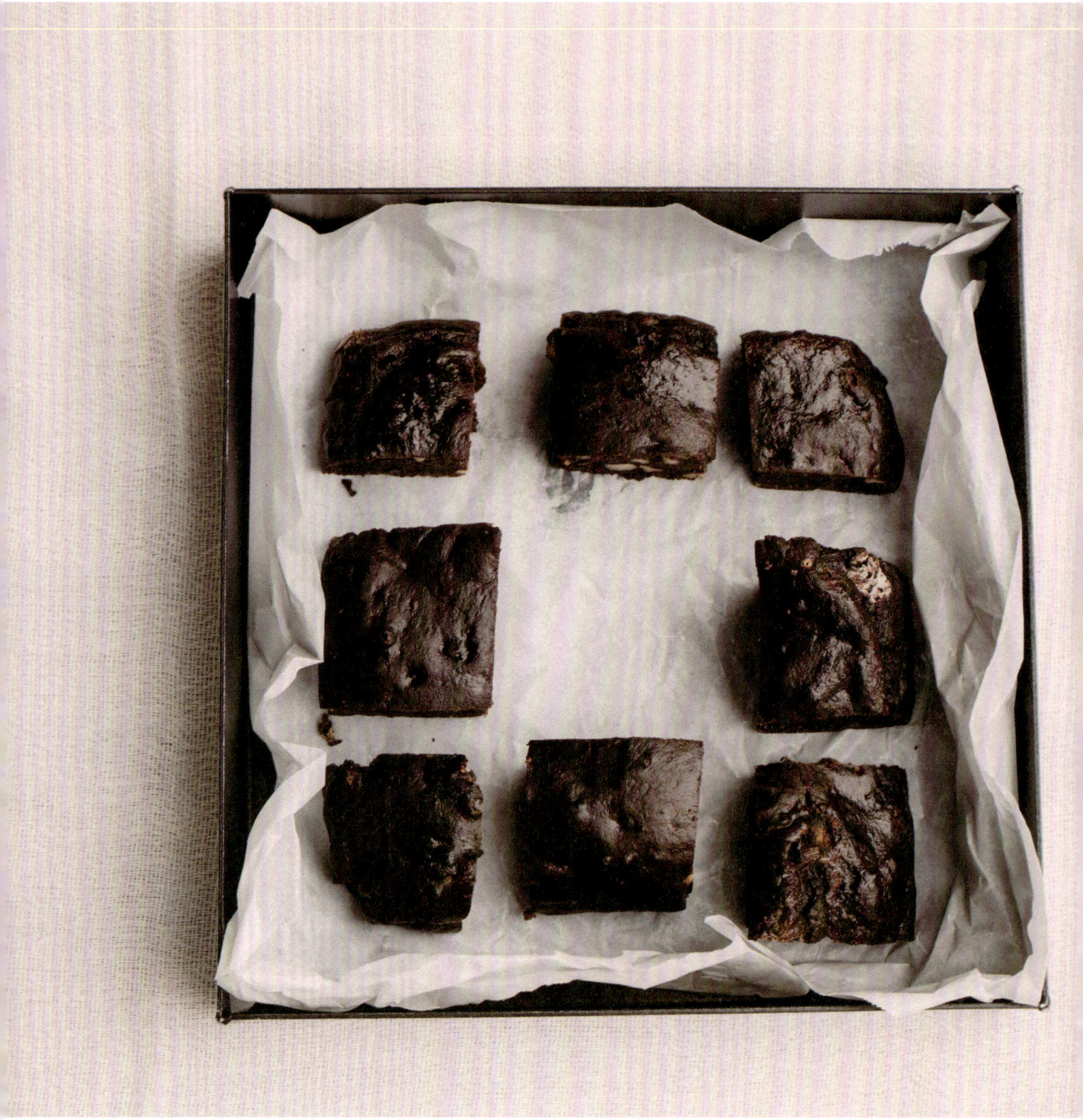

地瓜布朗尼
Sweet Potato Brownie

一個在地食材，一個則是西式甜點常用食材，兩者的結合，讓這款地瓜布朗尼，不只變得健康美味，在品嚐時還多了那麼一點台味。

準備：約 20 分鐘
烘烤：約 35 ～ 40 分鐘
烤箱需求：上下火 180°C

材料 INGREDIDNTS

地瓜　400 克　　雞蛋　1 顆
可可粉　20 克　　堅果　適量
泡打粉　5 克
牛奶　90 克

作法 METHODS

1. 地瓜洗淨切塊,放入蒸鍋中蒸熟。
2. 蒸熟的地瓜去皮壓成泥。
3. 在地瓜泥中打入一顆雞蛋,攪拌均勻。
4. 可可粉、泡打粉加入地瓜泥中。

5. 倒入牛奶,攪拌均勻,直到麵糊光滑。
6. 混合好的麵糊倒入模具,頂端灑上堅果碎。

7. 模具放入預熱至 180°C 的烤箱，烘烤 35～40 分鐘，直到布朗尼熟透。

| 常見問題 Q&A |

1. 布朗尼為什麼會太乾？
地瓜比例太高，可以增加牛奶的量，或是加一點油脂，讓它更濕潤。

2. 可以用其他堅果嗎？
可以，可根據個人口味選擇其他種類的堅果，如核桃、杏仁或腰果，都能增加布朗尼的口感和風味。

脆皮地瓜球
Crispy Sweet Potato Balls

地瓜球雖然好吃,又怕太油、熱量高,所以改良版本裡,透過食材的調整,讓地瓜球變得健康美味,步驟簡單,相信就算是新手也不會失敗。

準備:約 20 分鐘
烘烤:約 20 分鐘
氣炸鍋需求:180°C

材料 INGREDIDNTS

地瓜　250 克

糯米粉　25 克

代糖　10 克

作法 METHODS

1. 地瓜洗淨，切塊，放入蒸鍋中蒸熟。
2. 蒸熟的地瓜壓成泥。
3. 地瓜泥與糯米粉、代糖混合，揉成光滑的麵糰。
4. 麵糰平均分成小麵糰，再把小麵糰搓成球形。
5. 將地瓜球放入預熱至 180°C 的氣炸鍋中，烘烤 20 分鐘，至表面金黃酥脆。

| 常見問題 Q&A |

1. 地瓜球為什麼會不酥脆？
可能是烘烤時間不足或溫度不夠，可適當延長烘烤時間，或將溫度調至 190°C，會讓地瓜球表面更酥脆。

2. 地瓜糰不好成型怎麼辦？
如果地瓜糰不好成型，可適量增加糯米粉用量，讓麵糰更好操作，並確保揉成光滑的麵糰。

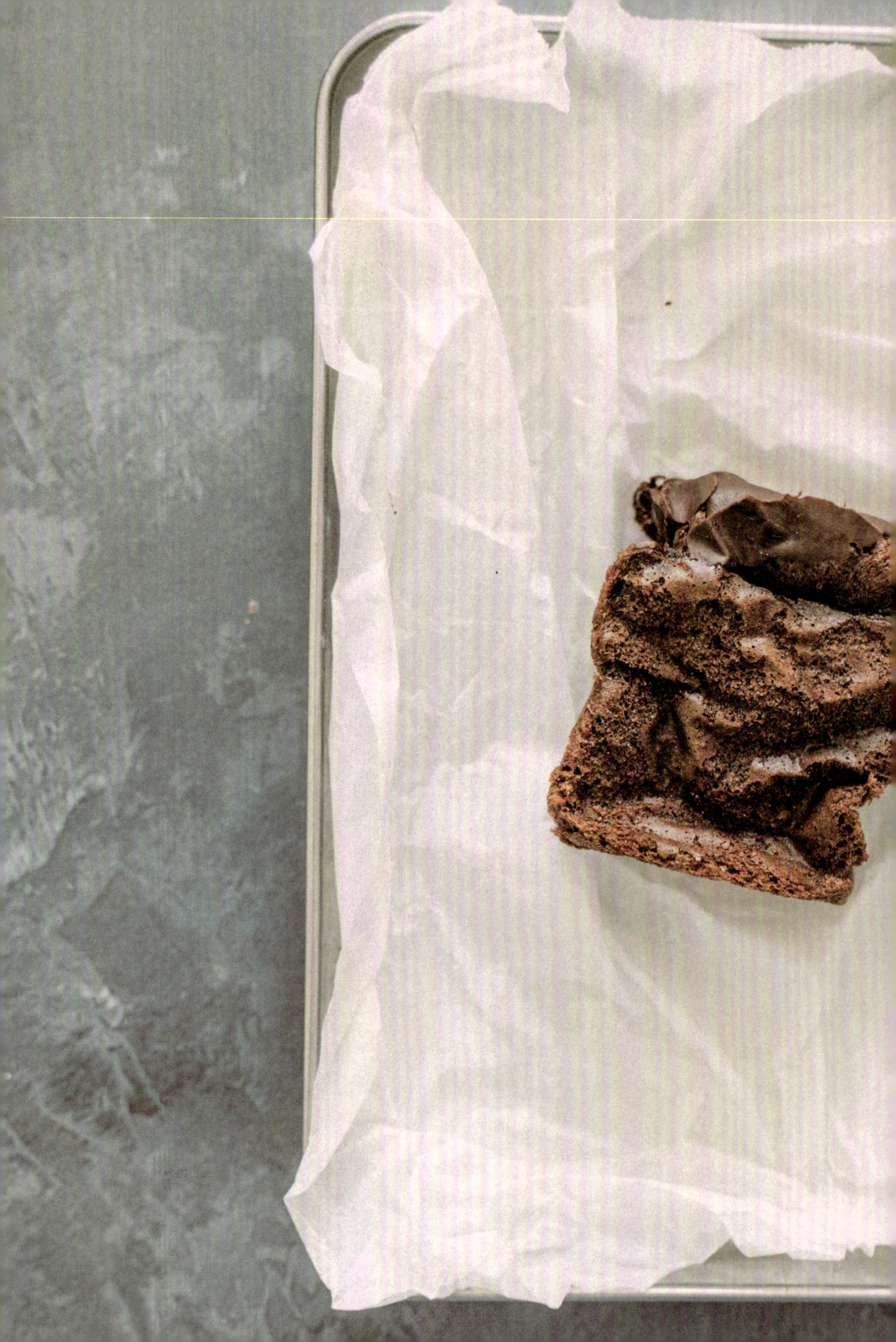

CHAPTER 4

巧克力類
Chocolate

很多人以為，想吃巧克力就得放棄輕盈，但其實選對食材，濃郁也可以很剛好。這一章的甜點，以黑巧克力為主角，減糖、減負擔，保留了巧克力最純粹的香氣，讓你在需要一點安慰、想犒賞自己的時候，也能安心地咬下那一口濃濃的幸福。

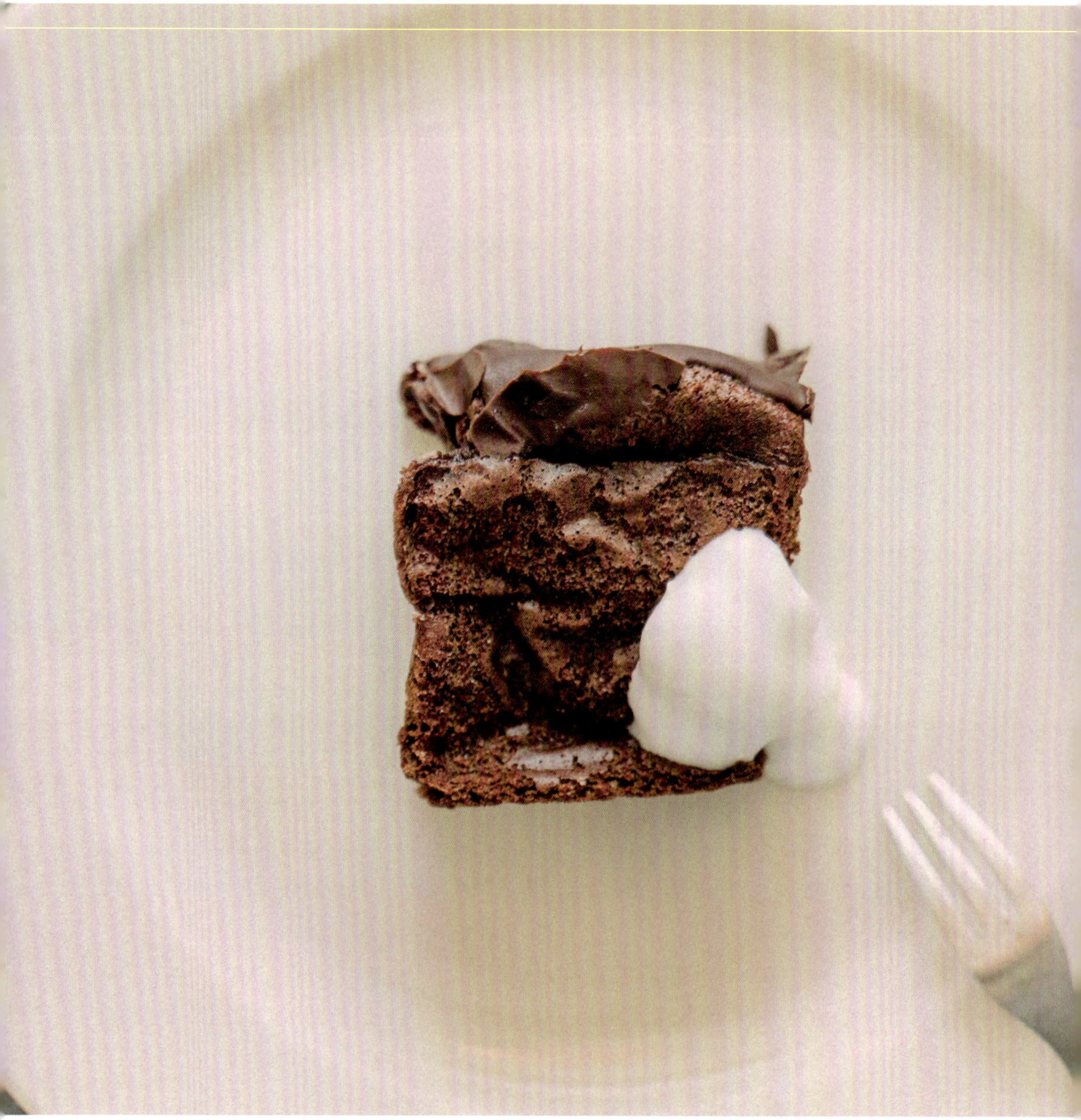

無麵粉巧克力蛋糕
Flourless Chocolate Cake

只要兩種主要材料,所以食材容易取得、操作簡單,就算是烘焙新手也能很快上手,再加上熱量雖然低,但美味不減半,擔心體重的人可以放心食用。

準備:約 15 分鐘
烘烤:約 20 ～ 25 分鐘
烤箱需求:上下火 180°C

材料 INGREDIDNTS

雞蛋　3 顆

黑巧克力　150 克（建議使用 70% ～ 90% 的黑巧克力）

作法 METHODS

1. 雞蛋分離成蛋黃和蛋白。
2. 黑巧克力隔水加熱至完全融化,將蛋黃加入融化的黑巧克力中攪拌均勻。
3. 蛋白打發至硬性發泡。

4. 取部分巧克力糊倒入蛋白霜中拌勻,接著再倒入剩下的巧克力糊繼續拌勻。

5. 蛋糕糊倒入模具。
6. 放入預熱至 180°C 的烤箱，烘烤 20～25 分鐘。
7. 若無冷藏，可享受輕盈鬆軟的戚風口感；冷藏後則有濃郁的布朗尼口感。

---- 常見問題 Q&A ----

1. 無麵粉巧克力蛋糕口感會不會很乾？
不會，主要靠巧克力和打發蛋白，來維持蛋糕的濕潤，因此烘烤後口感輕盈，冷藏後則變得濃郁、濕潤。

2. 可以用其他巧克力代替黑巧克力嗎？
建議使用 70%～90% 的黑巧克力來保持低糖和低卡特性，如果使用牛奶巧克力或其他巧克力，熱量和甜度會相應增加。

蘋果布朗尼
Apple Brownie

和傳統布朗尼最大的不同是，食譜裡加入蘋果和蜂蜜這兩種食材，因此會比傳統布朗尼更濕潤，吃起來也會更軟嫩哦。

準備：約 15 分鐘
烘烤：約 30 分鐘
烤箱需求：上下火 180°C

材料 INGREDIDNTS

雞蛋　2 顆	蜂蜜　2 大湯匙
蘋果　2 顆	堅果　20 克
可可粉　40 克	
玉米澱粉　5 克	

CHAPTER4 Chocolate 巧克力類

作法 METHODS

1. 蘋果削皮，切塊。
2. 所有材料依序放入果汁機，打成泥。
3. 混合好的蘋果布朗尼糊倒入鋪好烤紙的蛋糕模具中，抹平表面，灑上堅果碎。
4. 烤箱預熱至180°C，上下火，模具放入烤箱烘烤30～32分鐘，直到插入牙籤取出無麵糊黏附為止。

常見問題 Q&A

1. 蘋果布朗尼口感會不會很濕潤？
由於使用新鮮蘋果和蜂蜜，這道布朗尼比傳統布朗尼更濕潤，口感也更軟嫩。

2. 可以用其他水果代替蘋果嗎？
可以試試用其他富含水分的水果，像是香蕉、水梨，但可能要調整蜂蜜用量，以配合水果甜度。

燕麥生巧克力塔
Oat Raw Chocolate Tart

這道燕麥生巧克力塔低卡健康，結合燕麥的香脆和巧克力的濃郁，更不用說操作過程很簡單，不管新手還是老手，都能輕鬆做出專業甜點般的美味。

準備：約 20 分鐘
烘烤：約 10 分鐘
烤箱需求：上下火 180°C

材料 INGREDIDNTS

燕麥　100 克
可可粉　15 克
香蕉　1 根
70% 黑巧克力　200 克
牛奶　180 毫升
無糖可可粉　適量

CHAPTER4 Chocolate 巧克力類

作法 METHODS

1. 香蕉壓成泥,加入燕麥和可可粉,混合均勻。
2. 塔模刷上奶油,鋪上燕麥泥,壓平,送入烤箱180°C烘烤10分鐘,讓塔皮定型。
3. 牛奶加熱至冒泡,關火備用,取一容器放入巧克力,接著倒入牛奶,放置10分鐘,然後混合均勻。
4. 巧克力內餡倒入已定型的塔皮中,抹平表面。
5. 巧克力塔放進冰箱冷藏至凝固,約1～2小時。
6. 取出巧克力塔,灑上無糖可可粉,即可享用。

常見問題 Q&A

1. 燕麥生巧克力塔口感會不會很濃稠?
由於使用巧克力和燕麥,這道甜點口感會比較濃稠,巧克力的濃郁風味會和燕麥很好地融合在一起。

2. 可以用其他材料代替香蕉嗎?
可以,用蛋清或蜂蜜來代替香蕉,不僅能提供濕潤口感,還能調節甜度。

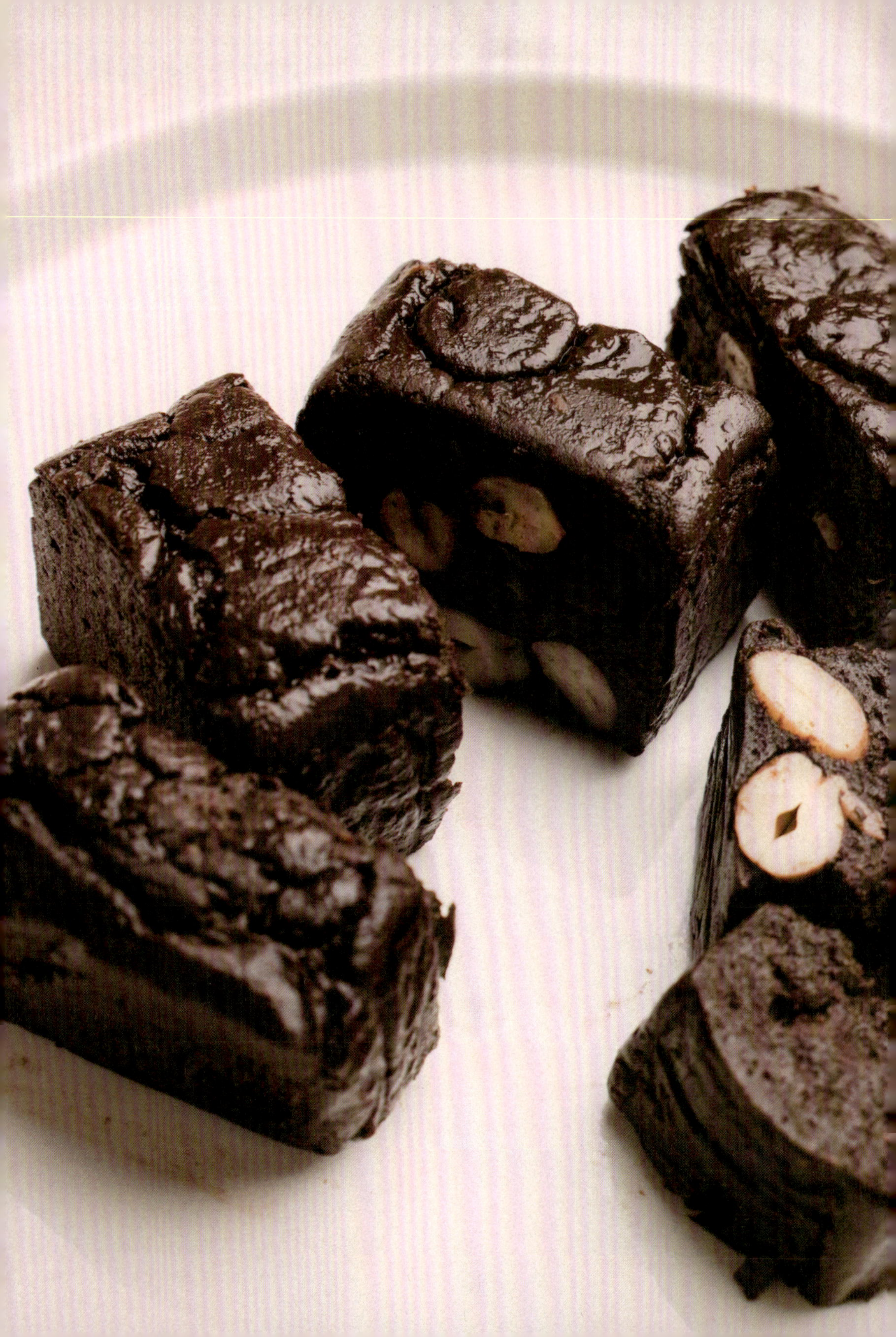

CHAPTER4 Chocolate 巧克力類

香蕉布朗尼
Banana Brownie

使用熟透的香蕉來替代糖分，不僅可以成功降低熱量，還會帶來自然的甜味與濕潤口感，不管在意體重還是健康，都能放心享用。

準備：約 15 分鐘
烘烤：約 30 分鐘
烤箱需求：上下火 180°C

材料 INGREDIDNTS

香蕉　1 根　　　可可粉　15 克
全麥麵粉　50 克　牛奶　70 克
雞蛋　1 顆　　　堅果　適量
泡打粉　5 克

作法 METHODS

1. 香蕉壓成泥。
2. 全麥麵粉、泡打粉和可可粉混合過篩,並和壓好的香蕉泥、雞蛋和牛奶一起攪拌均勻。
3. 混合好的布朗尼糊倒入抹了油的蛋糕模具中,抹平表面,撒上堅果。

CHAPTER4 Chocolate 巧克力類

4. 烤箱預熱至 180°C，上下火，將模具放入烤箱烘烤 30 分鐘，直到插入牙籤取出無麵糊黏附為止。

| 常見問題 Q&A |

1. 香蕉布朗尼的甜度如何？
這道布朗尼主要依靠香蕉的天然甜味，整體甜度較低，但可以根據個人口味適量添加蜂蜜或代糖。

2. 堅果可以用其他配料代替嗎？
可以使用巧克力豆、果乾等其他配料來替代堅果，增加布朗尼的風味和口感。

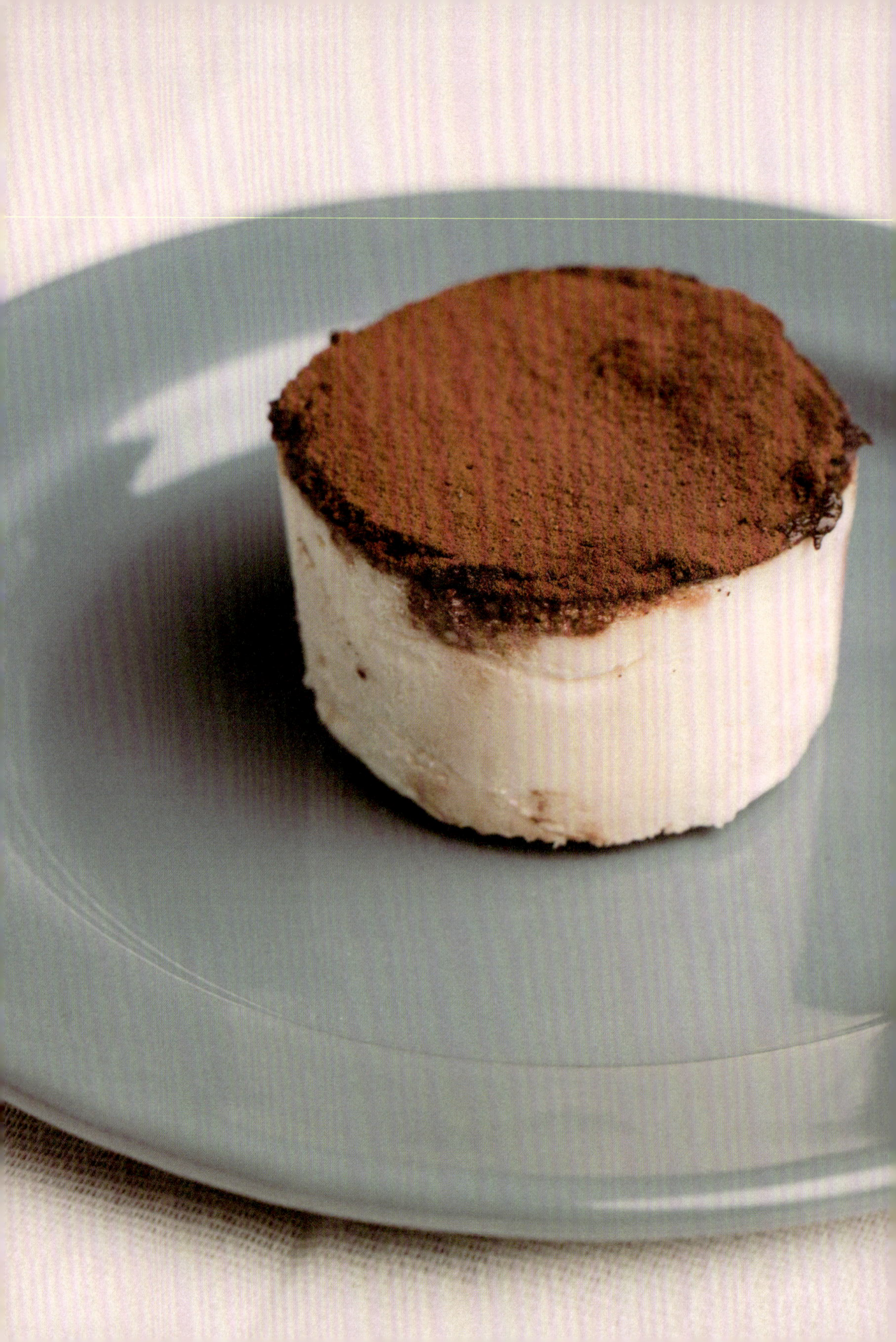

生巧乳酪蛋糕
Raw Chocolate Cheesecake

採用水浴法低溫烘烤，讓蛋糕質地變得綿密，不過這款蛋糕建議冷藏一晚再食用，因為冷藏過後，所有食材會更為融合，並讓風味更具豐富層次。

- 準備：約 30 分鐘
- 烘烤：約 35 分鐘（水浴法）
- 冷藏：約 4 小時
- 烤箱需求：上下火 160°C

材料 INGREDIDNTS

—乳酪蛋糕—
奶油乳酪　130 克
希臘優格　150 克
赤藻糖醇　15 克
雞蛋　1 顆
玉米澱粉　10 克

—生巧克力—
牛奶　180 克
黑巧克力　90 克

作法 METHODS

1. 奶油乳酪置於室溫，待其軟化後，用打蛋器攪拌至完全順滑，無顆粒感。
2. 赤藻糖醇加入奶油乳酪中，攪拌均勻，直到完全融合。
3. 希臘優格分 2～3 次加入，每次攪拌均勻後再加入下一次，確保混合物細緻滑順。
4. 雞蛋打散後分次加入混合物中，攪拌均勻至完全融合。

5. 篩入玉米澱粉，輕輕攪拌均勻，直至無顆粒。
6. 乳酪蛋糕糊倒入已鋪好烘焙紙的模具中，輕震模具排出氣泡，抹平表面。
7. 模具放入烤盤中，烤盤倒入熱水至模具高度的 1/2。

CHAPTER4 Chocolate 巧克力類

⑨ ⑩ ⑪

8. 烤箱預熱至 160°C，將烤盤放入烤箱，烘烤約 35 分鐘，直到蛋糕中心微微晃動時呈凝固狀態。
9. 烤好後取出模具，蛋糕連同模具一起放在網架上，完全放涼。
10. 牛奶加熱至冒小泡後關火，加入黑巧克力，靜置 1 分鐘，然後攪拌至完全融化，放涼至室溫。
11. 放涼的乳酪蛋糕上均勻倒入生巧克力內餡，用抹刀抹平表面。
12. 蛋糕模具放入冰箱冷藏至少 4 小時，待生巧克力內餡完全凝固。
13. 冷藏完成後小心脫模，可灑上適量無糖可可粉或糖粉裝飾，切片後即可享用。

── 常見問題 Q&A ──

1. 希臘優格可以用鮮奶油替代嗎？
可以，鮮奶油的濃郁口感會讓蛋糕更滑順，但建議適當減少赤藻糖醇用量以平衡甜度。

2. 為什麼要使用水浴法？
水浴法讓蛋糕在烘烤時均勻受熱，避免表面過度上色或產生裂紋，同時保留蛋糕內部濕潤的口感。

酪梨巧克力熔岩蛋糕
Avocado Chocolate Lava Cake

從蛋糕流淌而出熔岩巧克力滑順綿密,這是因為在濃郁的黑巧克力加入酪梨,酪梨的清爽口感,看似與巧克力不搭,卻碰撞出讓人意外驚喜的美味。

準備:約 20 分鐘
烘烤:約 9～10 分鐘
烤箱需求:上下火 200°C

材料 INGREDIDNTS

黑巧克力　60 克
熟成酪梨　30 克
赤藻糖醇　20 克
雞蛋　1 顆
低筋麵粉　15 克
鹽　1 克
糖粉　適量(可省略)

作法 METHODS

1. 50 克黑巧克力隔水加熱融化，備用。
2. 酪梨切塊壓成泥，加入雞蛋和赤藻糖醇，攪拌均勻。
3. 將融化的巧克力倒入酪梨泥和雞蛋混合物中，攪拌均勻。
4. 篩入低筋麵粉和鹽，全部混合均勻。
5. 倒入已抹上些許奶油的模具，中間放入 10 克的黑巧克力碎片，再繼續倒完。
6. 烤箱預熱至 200°C，將模具放入烤箱烘烤 9～10 分鐘。
7. 出爐後倒扣，撒上糖粉，即完成。

常見問題 Q&A

1. 酪梨會影響巧克力熔岩蛋糕的味道嗎？

不會，酪梨味道較清淡，主要提供濕潤口感和健康的脂肪，巧克力的濃郁風味會占主導地位。

2. 巧克力熔岩蛋糕不成功，內餡不流動怎麼辦？

可能是烘烤時間過長，建議縮短烘烤時間 1～2 分鐘，確保內餡保持熔岩狀態。

豆腐生巧克力
Tofu Raw Chocolate

嫩豆腐的綿滑質地，加上黑巧克力的濃郁，讓這道甜點不只健康，口感更顯綿密，製作上則無需用到烤箱，因此相當適合烘焙新手。

準備：約 20 分鐘
冷藏：至少 4 小時，建議一晚

材料 INGREDIDNTS

嫩豆腐　300 克
黑巧克力　200 克
可可粉　適量

作法 METHODS

1. 嫩豆腐瀝水，壓成泥。
2. 黑巧克力隔水加熱融化，攪拌至完全融化。
3. 壓好的豆腐泥與融化的黑巧克力混合均勻。
4. 混合好的巧克力豆腐糊倒入模具，並抹平表面。
5. 模具放入冰箱冷藏一晚，讓巧克力凝固。
6. 取出冷藏好的巧克力，切成小塊，灑上適量可可粉，即可完成。

常見問題 Q&A

1. 豆腐味會不會很重？
嫩豆腐與巧克力混合後，巧克力的濃郁風味會掩蓋大部分豆腐味，成品不會有明顯的豆味。

2. 可以用其他種類的豆腐嗎？
建議使用嫩豆腐，因為質地較細膩，能與巧克力更好融合，製作出來的口感會比較綿密。

黑巧燕麥脆餅
Dark Chocolate Oat Crisps

這款餅乾吃起來口感酥脆，而且兼顧健康營養，雖然每次烘焙總是會做出不少餅乾，但只要做對保存方法，就能保留餅乾酥脆度，美味不受影響。

準備：約 15 分鐘
烘烤：約 20 分鐘
烤箱需求：上下火 200°C

材料 INGREDIDNTS

燕麥　100 克
可可粉　20 克
赤藻糖醇　25 克
牛奶　45 克
雞蛋　2 顆

CHAPTER4 Chocolate 巧克力類

作法 METHODS

1. 將燕麥、可可粉和赤藻糖醇混合。
2. 加入牛奶和雞蛋，用刮刀攪拌均勻，直到混合物成為糊狀。
3. 將混合物搓成球狀，然後用手壓成圓餅狀。
4. 壓好的圓餅放在鋪有烤紙的烤盤上，間隔排開。
5. 烤盤放入預熱至 200°C 的烤箱，烘烤 20 分鐘，直到脆餅表面金黃酥脆。

常見問題 Q&A

1. 這個配方可以不加雞蛋嗎？
可以！如果要全素，可用香蕉泥、希臘優格代替。口感會更濕潤一點，但一樣能成型，只是烘烤時間可能要拉長幾分鐘。

2. 餅乾看起來偏軟，是沒烤熟嗎？
其實這是燕麥本身吸水的特性，剛出爐看起來偏軟是正常的。如果你喜歡更脆口的口感，可以在進烤箱前壓得再薄一點，讓表面受熱更均勻，也能加強脆度喔！

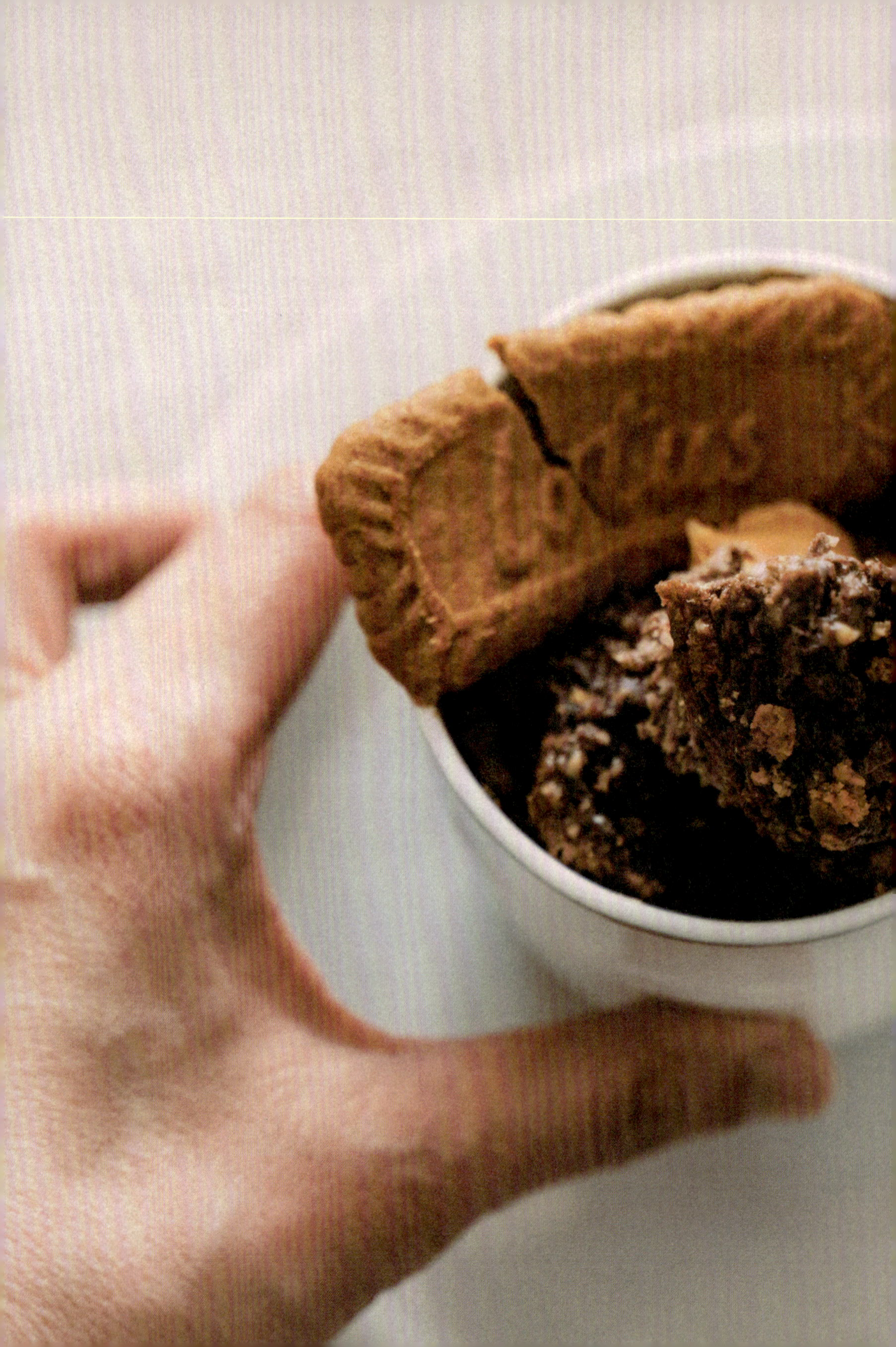

CHAPTER 5

創意低卡甜點
Low calorie

有時最驚喜的味道，來自意想不到的組合。這一章沒有規則，只有一點好奇心，一點實驗精神，用創意的做法，做出讓人停下來微笑的甜點，也許不是傳統的樣子，但有著剛剛好的溫度，不只是關於甜點的創意，更像是一種提醒：我們可以吃得不一樣，也活得不一樣。

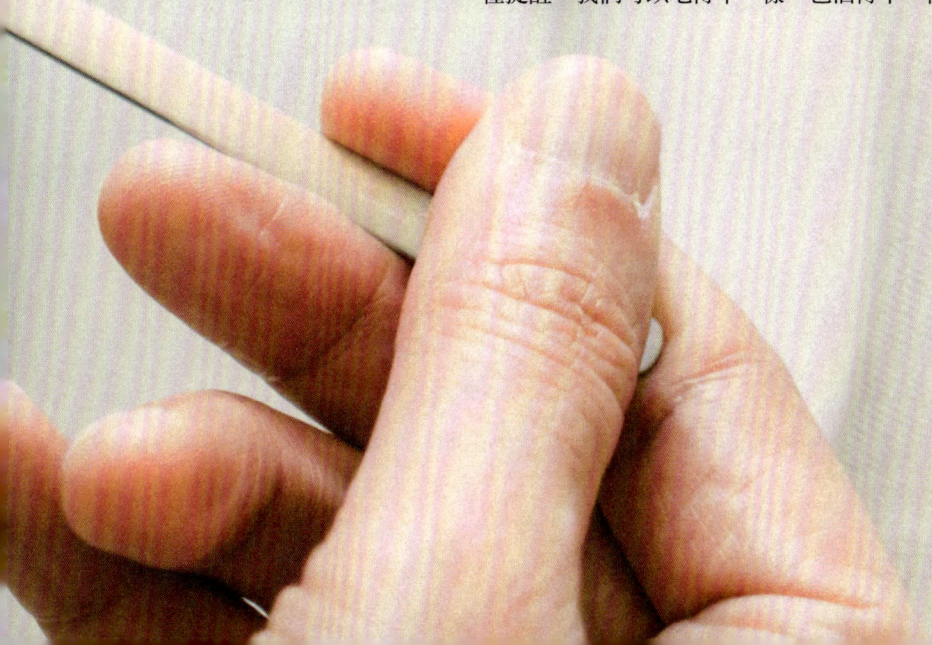

低卡水果冰淇淋
Low-Calorie Fruit Ice Cream

不需用到冰淇淋機，只要幾個簡單步驟，就能享用自製天然水果冰淇淋，而且每一口都充滿水果濃郁香氣與滑順口感。

準備：約 10 分鐘
冷凍：約 2 小時

材料 INGREDIDNTS

冷凍藍莓　150 克

無糖優格　120 克

蜂蜜　2 湯匙（可依喜好調整甜度）

檸檬汁　適量（增加風味，依個人口味調整）

作法 METHODS

1. 冷凍藍莓、無糖優格、蜂蜜和檸檬汁全放入調理機，攪打至順滑的冰淇淋糊狀。
2. 攪拌好的冰淇淋糊倒入模具，輕輕敲幾下模具，排除其中的空氣，讓冰淇淋更紮實。
3. 模具放入冷凍庫，冷凍約 2 小時，待冰淇淋變硬後即可享用。

常見問題 Q&A

1. 冰淇淋為什麼會結冰塊？
如果冰淇淋結成較大的冰塊，可能是因為攪打時空氣不夠多，或冷凍時間過長，可以在冷凍過程中每隔 30 分鐘攪拌一次，讓口感更綿密。

2. 太酸怎麼辦？
檸檬汁的量可根據個人口味進行調整，若覺得太酸，可以多加一點蜂蜜，或少量天然甜味劑來平衡味道。

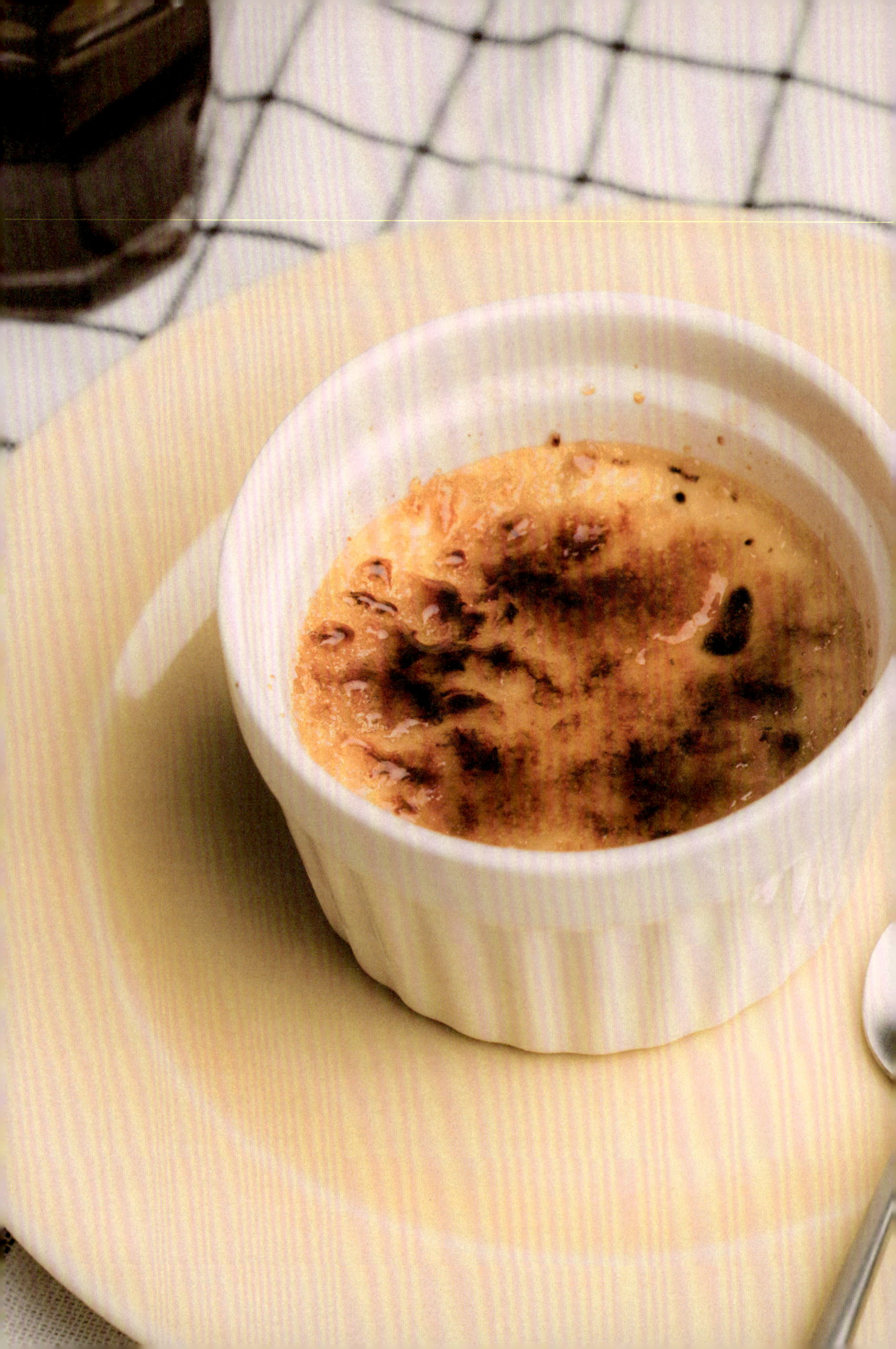

烤布蕾
Crème Brûlée

這款烤布蕾以無糖優格取代鮮奶油,吃起來清爽滑嫩,糖也大幅減半,適合想吃甜點又怕負擔的你。冷藏一晚再灑上砂糖炙燒,入口瞬間「咔嗞」焦糖聲,幸福感爆棚!

準備:約 10 分鐘
烘烤:約 35 分鐘
冷藏:至少 6 小時(建議一晚)
烤箱需求:上下火 140°C(30 分鐘水浴烘烤)
　　　　　180°C(5 分鐘上色)

材料 INGREDIDNTS

雞蛋　2 顆
代糖　25 克
無糖優格　100 克
牛奶　90 毫升
表面用砂糖　適量(炙燒用)

作法 METHODS

1. 雞蛋打入大碗中，加入代糖，用手動打蛋器攪拌至代糖融化（不需打發）。
2. 倒入無糖優格，繼續攪拌至蛋液與優格融合、質地滑順。
3. 加入牛奶，攪拌均勻，完成布蕾液基底。

4. 使用細篩過濾布蕾液 1～2 次，去除蛋筋與氣泡，讓口感更細緻。
5. 布蕾液倒入烤皿或布蕾杯中，倒完後輕敲幾下，排出大氣泡。
6. 模具放入深烤盤，加入熱水（高度約至模具一半），放入已預熱至 140°C 的烤箱，水浴烘烤 30 分鐘。

CHAPTER5 Low calorie 創意低卡甜點

⑧ ⑨

7. 烤完後轉至 180°C，再烘烤 5 分鐘，讓表面微微上色。
8. 出爐後放涼，送入冰箱冷藏至少 6 小時（建議隔夜）讓布蕾凝固定型。
9. 食用前，取出布蕾，表面撒上適量砂糖，用噴槍炙燒至金黃酥脆即可享用！

── 常見問題 Q&A ──

1. 布蕾怎樣算熟？
中心微晃、邊緣固定即為熟透。牙籤插入不沾液體即可，過熟會變硬、太生會太軟。

2. 沒有噴槍怎麼辦？
可以省略焦糖步驟，直接吃原味布蕾也很棒。或用加熱金屬湯匙壓糖，也能產生焦糖層（效果略不均勻）。

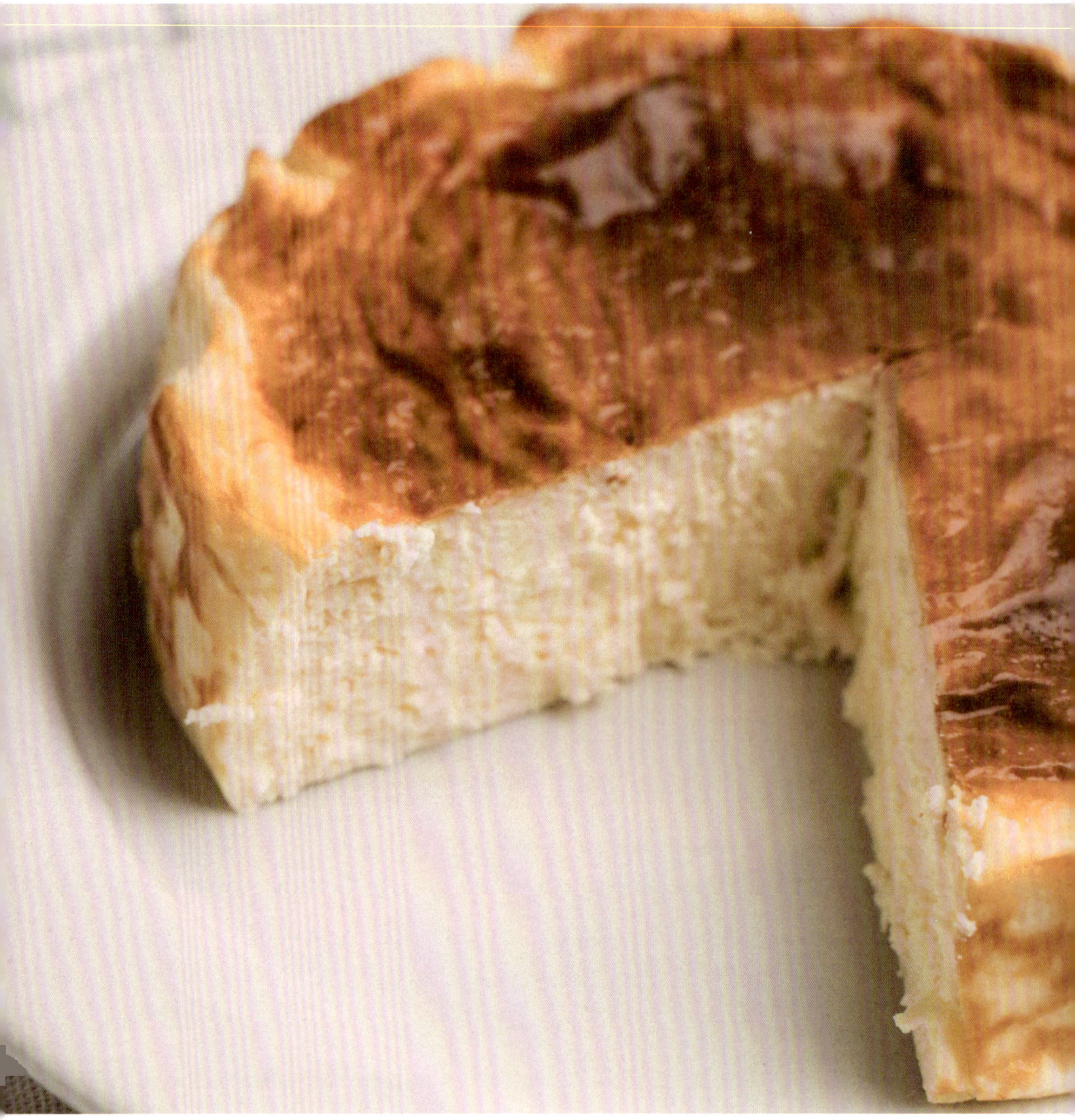

低 卡 優 格 巴 斯 克
Yogurt Basque Cheesecake

這款巴斯克，用優格取代鮮奶油，減少油脂與熱量，保留乳酪濃郁口感，同時多了一點清爽酸香，烤出來表面微焦，內部綿密不甜膩也不厚重，最適合想吃甜點，又在意健康的人。

氣炸：約 15 分鐘
冷藏：約 6～8 小時
氣炸鍋需求：180°C

材料 INGREDIDNTS

奶油乳酪　200 克
無糖優格　200 克
赤藻糖醇　40 克（可依喜好調整甜度）
雞蛋　2 顆
玉米澱粉　15 克

作法 METHODS

1. 奶油乳酪放至室溫軟化,加入赤藻糖醇,攪拌至均勻滑順。
2. 加入無糖優格和雞蛋,繼續攪拌均勻,使所有材料完全融合。

3. 玉米澱粉過篩後加入混合物中,再次攪拌均勻,確保無顆粒。
4. 混合好的麵糊再過篩一次,以確保質地更加細膩,然後倒入蛋糕模具中。

CHAPTER5 Low calorie 創意低卡甜點

5. 模具放入氣炸鍋，以 180°C 烘烤約 15 分鐘，直到表面微焦，中心仍有些微顫動。
6. 出爐後將蛋糕放涼，再冷藏一晚，讓口感更濃郁濕潤。

---| 常見問題 Q&A |---

1. 蛋糕為什麼會裂開？
裂開是正常的，因為巴斯克蛋糕採用高溫烘烤，表面容易產生焦色和裂紋，這正是它的特色之一，只要中心保持微微顫動，蛋糕冷藏後口感會更濕潤綿密。

2. 蛋糕口感為什麼不夠滑嫩？
蛋糕質地較粗糙，可能是材料混合時沒有充分過篩，建議在加入玉米澱粉和倒入模具前，都要確實過篩，這樣才能讓蛋糕口感更細緻。

139

焦糖烤燕麥
Caramel Baked Oatmeal

簡單又健康的焦糖烤燕麥，將香蕉的自然甜味與燕麥的香氣結合，烘烤後外酥內嫩，搭配濃郁花生醬，一口一口令人回味。

準備：約 5 分鐘
烘烤：約 20 ～ 25 分鐘
烤箱需求：上下火 180°C

材料 INGREDIDNTS

燕麥 35 克	泡打粉 2 克
香蕉 1 根	牛奶 50 克
可可粉 5 克	
雞蛋 1 顆	

作法 METHODS

1. 香蕉放入碗中，用叉子壓成泥狀。
2. 在香蕉泥中加入燕麥、可可粉和泡打粉，攪拌均勻。
3. 打入雞蛋，倒入適量牛奶，攪拌至成均勻的麵糊狀態。
4. 混合好的麵糊倒入已抹油的烤模中，輕震模具排出氣泡。
5. 模具放入預熱至 180°C 的烤箱，烘烤約 20～25 分鐘，直至表面金黃且熟透。
6. 出爐後稍微放涼，淋上花生醬裝飾即可享用。

常見問題 Q&A

1. 可不可以改用其他粉類？
可以，使用抹茶粉或蛋白粉替代可可粉，能創造不同風味，但建議調整比例以維持麵糊濕潤度。

2. 可以用氣炸鍋製作嗎？
可以，將模具放入氣炸鍋，以 170°C 烘烤約 15～18 分鐘，但需視氣炸鍋型號適當調整時間。

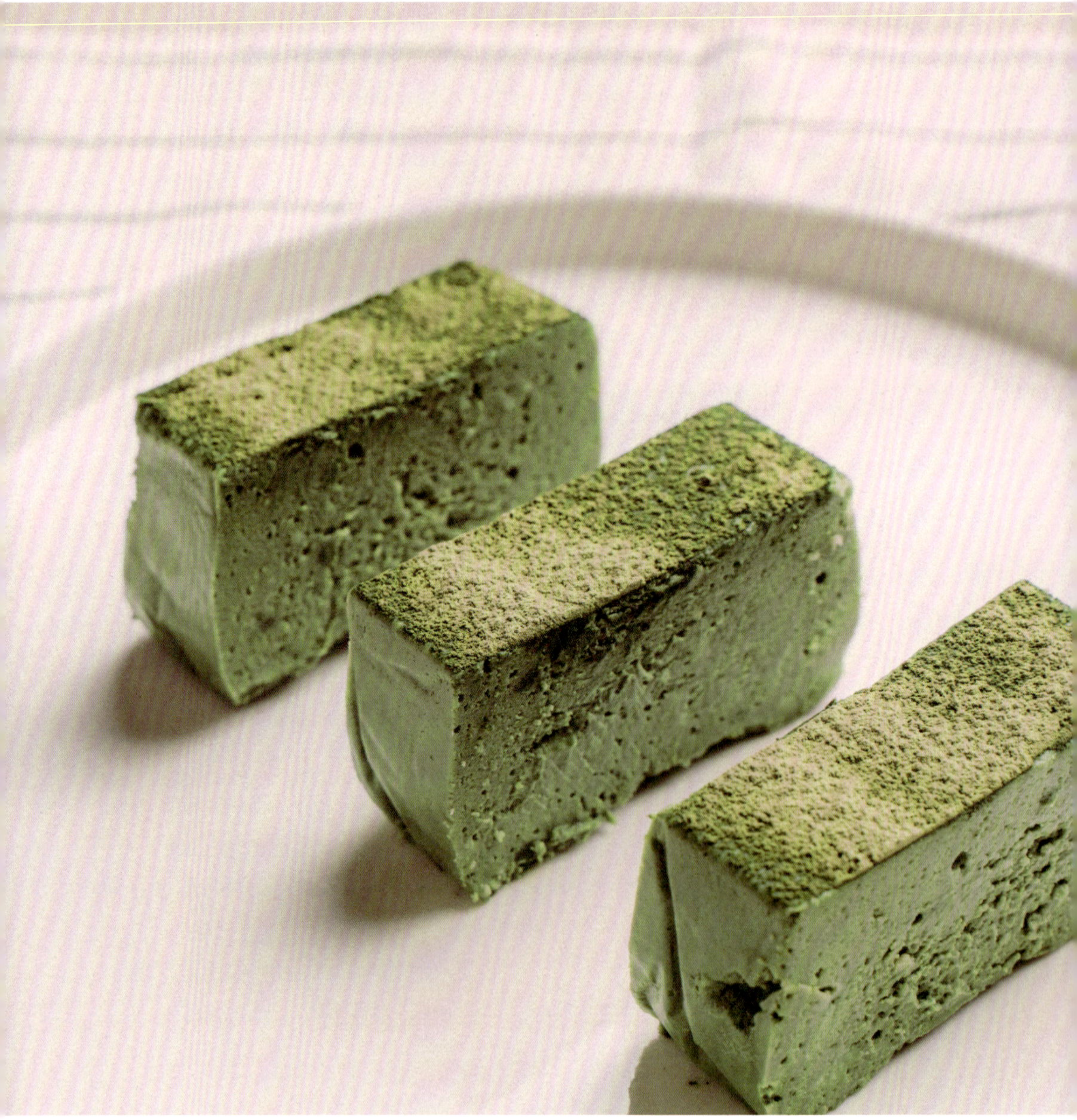

抹茶豆腐蛋糕
Matcha Tofu Cake

豆腐和抹茶原本就是很受歡迎的組合,因為口感清爽,外觀清新、淡雅,而在這款蛋糕裡,因為加入了白巧克力,於是清爽質地中多了份綿密,吃起來層次更豐富。

準備:約 20 分鐘
烘烤:約 35 分鐘
冷藏:約 6 ～ 8 小時
烤箱需求:上下火 150°C

材料 INGREDIDNTS

白巧克力　150 克　　低筋麵粉　35 克
嫩豆腐　300 克　　　赤藻糖醇　20 克(可依喜好調整甜度)
雞蛋　1 顆
抹茶粉　8 克

作法 METHODS

1. 嫩豆腐加入雞蛋,攪拌至均勻細緻。
2. 白巧克力隔水加熱至融化,然後倒入豆腐和雞蛋的混合物中,攪拌均勻。
3. 赤藻糖醇、抹茶粉和低筋麵粉過篩,然後加入混合物中,攪拌至完全融合。  
4. 混合好的蛋糕糊倒入模具,輕輕震動模具排出氣泡。

5. 模具放入裝有熱水的烤盤，進行水浴法烘烤，以 150°C 烤約 35 分鐘，直到蛋糕中心凝固。
6. 出爐後，蛋糕放涼，再冷藏一晚，讓口感更濃郁細膩。

常見問題 Q&A

1. 蛋糕退冰後表面有點濕黏，怎麼辦？
這是因為冷藏過程中水氣回滲，可在表面鋪一層烘焙紙或保鮮膜防潮。如果已經出現濕黏狀況，先用紙巾輕壓表面吸去水氣，再撒上一點抹茶粉裝飾，口感一樣細緻好吃。

2. 抹茶粉可以換成其他粉類嗎？
可以，如果不想用抹茶粉，可改成可可粉、焙茶粉、芝麻粉等風味粉。不同粉類會影響蛋糕的色澤與香氣，建議依風味喜好調整份量。

南瓜布丁
Pumpkin Pudding

清甜的南瓜搭配上雞蛋、牛奶,吃進去的每一口,都是天然的南瓜香氣和綿密口感,讓人欲罷不能,且無需烤箱,用電鍋就能輕鬆完成。

準備:約 15 分鐘
蒸熟:約 20 分鐘

材料 INGREDIDNTS

南瓜　50 克
雞蛋　1 顆
牛奶　30 克
赤藻糖醇　20 克(可依喜好調整甜度)

作法 METHODS

1. 南瓜削皮，切成小塊以方便蒸煮。
2. 南瓜塊蒸熟後，壓成南瓜泥。
3. 在南瓜泥中加入牛奶、赤藻糖醇和雞蛋，攪拌均勻，讓所有材料完全融合。
4. 混合好的布丁液過篩一次，去除未融合的顆粒，讓布丁口感更滑嫩。
5. 過篩後的布丁液倒入模具，蓋上錫箔紙，避免水蒸氣滴入。
6. 蓋好錫箔紙的模具放入電鍋，蒸煮約 20 分鐘，直到布丁凝固即可。

常見問題 Q&A

1. 布丁為什麼不凝固？
若布丁未凝固，可能是蒸煮時間不足或火力不夠，可延長蒸煮時間，並確保水量充足以維持電鍋內的蒸氣。

2. 布丁口感不夠滑嫩怎麼辦？
如果布丁質地不夠細緻，確保過篩步驟充分完成，同時在蒸煮時蓋上錫箔紙，避免水滴影響布丁質感。

燕麥杏仁奶凍
Oat Almond Milk Pudding

不想吃太甜太膩的甜點？試試這款燕麥杏仁奶凍，以燕麥奶取代鮮奶，搭配濃郁杏仁香與滑嫩口感，低糖、無乳、冷藏後更是冰涼清爽，相當適合炎熱的夏天。

準備：約 10 分鐘
冷藏：4 小時以上

材料 INGREDIDNTS

燕麥奶　200 毫升
杏仁粉　50 克
代糖（赤藻糖醇等）　30 克
吉利丁片　6 克（約 1.5 片）

作法 METHODS

1. 吉利丁片放入冷水中,泡約 5 分鐘至完全軟化,備用。
2. 在小鍋中倒入燕麥奶,加入杏仁粉、代糖,使用打蛋器攪拌均勻至無粉粒狀。
3. 開小火加熱混合液,加熱至微溫(約 60°C 左右),切勿煮沸。
4. 熄火後,加入泡軟的吉利丁片,攪拌至完全融化、混合均勻。
5. 混合液過篩一次後,倒入模具,輕敲幾下釋放氣泡。
6. 放入冰箱冷藏至少 4 小時,待完全凝固後即可脫模享用。

| 常見問題 Q&A |

1. 可以用植物膠取代吉利丁嗎?
可以,若想做全素版本,可改用洋菜粉或寒天粉,但用量與加熱方式需另外調整。

2. 奶凍不夠凝固怎麼辦?
可能是吉利丁量不足,或溫度過高破壞凝固力,建議控制加熱溫度不超過 65°C,並確保吉利丁完全融化。

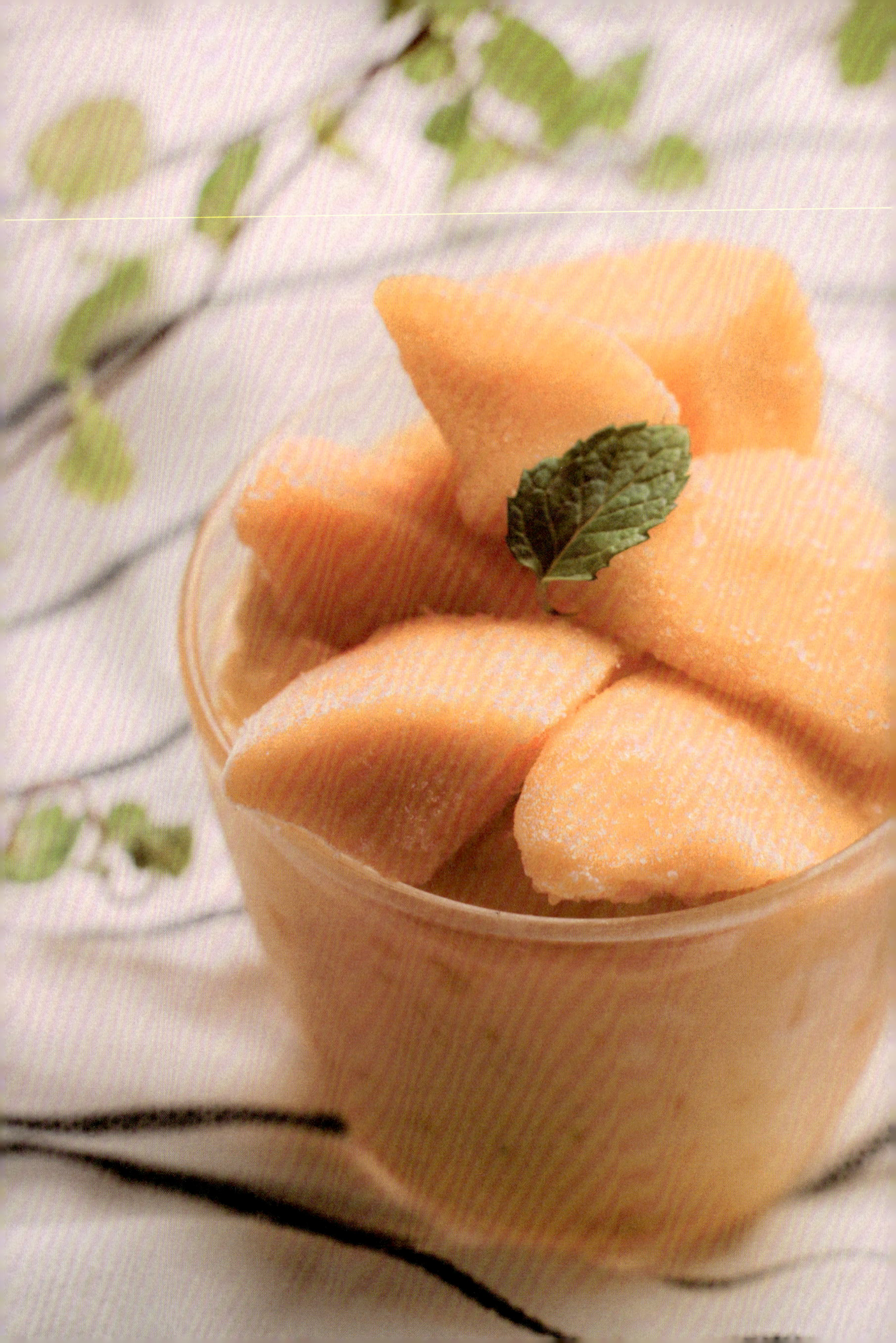

芒果奶凍
Mango Milk Pudding

炎炎夏日，來一杯滑嫩的芒果奶凍最剛好！以新鮮芒果與牛奶打底，搭配少許鮮奶油增加口感，低糖清爽、不膩口，冰冰涼涼超療癒。

準備：約 15 分鐘
冷藏：4 小時以上

材料 INGREDIDNTS

芒果果肉　200 克
牛奶　300 毫升
鮮奶油　50 毫升
代糖（赤藻糖醇）　25 克
吉利丁片　8 克

作法 METHODS

1. 吉利丁片放入冷水中浸泡約 5 分鐘,待完全軟化後取出備用。
2. 芒果果肉和牛奶放入果汁機,打成細緻滑順的果泥。
3. 芒果牛奶泥倒入鍋中,加入代糖,小火加熱至溫熱(不需煮滾)。
4. 熄火後,放入泡軟的吉利丁片,快速攪拌至完全融化。   
5. 接著倒入鮮奶油,攪拌均勻。
6. 混合液過篩一次後,再倒入模具。

CHAPTER5 Low calorie 創意低卡甜點

⑦

7. 放進冰箱冷藏至少 4 小時，待完全凝固後即可脫模享用，可搭配新鮮芒果丁或薄荷葉點綴。

──┤ 常見問題 Q&A ├──

1. 不喜歡芒果怎麼辦？
可以換成草莓、水蜜桃、藍莓、鳳梨或香蕉，一樣好吃、清爽又低卡。

2. 可以用吉利丁粉嗎？
可以。使用 6 克吉利丁粉，先用冷水泡開，加入溫熱液體中攪拌融化即可。

153

花生燕麥脆餅
Peanut Oat Crisps

這款脆餅將濃郁的花生醬與燕麥結合，製作簡單、口感酥脆，甜而不膩，是一道健康又美味的零食！

準備：約 10 分鐘
烘烤：約 20 分鐘
烤箱需求：上下火 160°C

材料 INGREDIDNTS

花生醬　100 克
燕麥　100 克
赤藻糖醇　20 克
雞蛋　1 顆

作法 METHODS

1. 燕麥與花生醬放入碗中，用刮刀攪拌至均勻。
2. 在混合物中加入赤藻糖醇，繼續攪拌至完全融合。
3. 打入雞蛋，混合至麵糊成糰且濕潤均勻。
4. 用手將混合好的麵糰分成小球，輕壓成扁平的餅乾狀。
5. 餅乾放在鋪有烘焙紙的烤盤上，放入預熱至 160°C 的烤箱，烘烤約 20 分鐘，直至餅乾表面金黃。
6. 出爐後將餅乾放涼至室溫，即可享用。

| 常見問題 Q&A |

1. 可以用氣炸鍋製作嗎？
可以，將餅乾放入氣炸鍋，以 150°C 烘烤約 10～12 分鐘，但需視氣炸鍋型號適當調整溫度與時間。

2. 餅乾太乾怎麼辦？
餅乾過乾可能是麵糰過於乾燥，可在麵糰中適量加入 1～2 湯匙牛奶，調整至麵糰濕潤但不黏手的狀態。

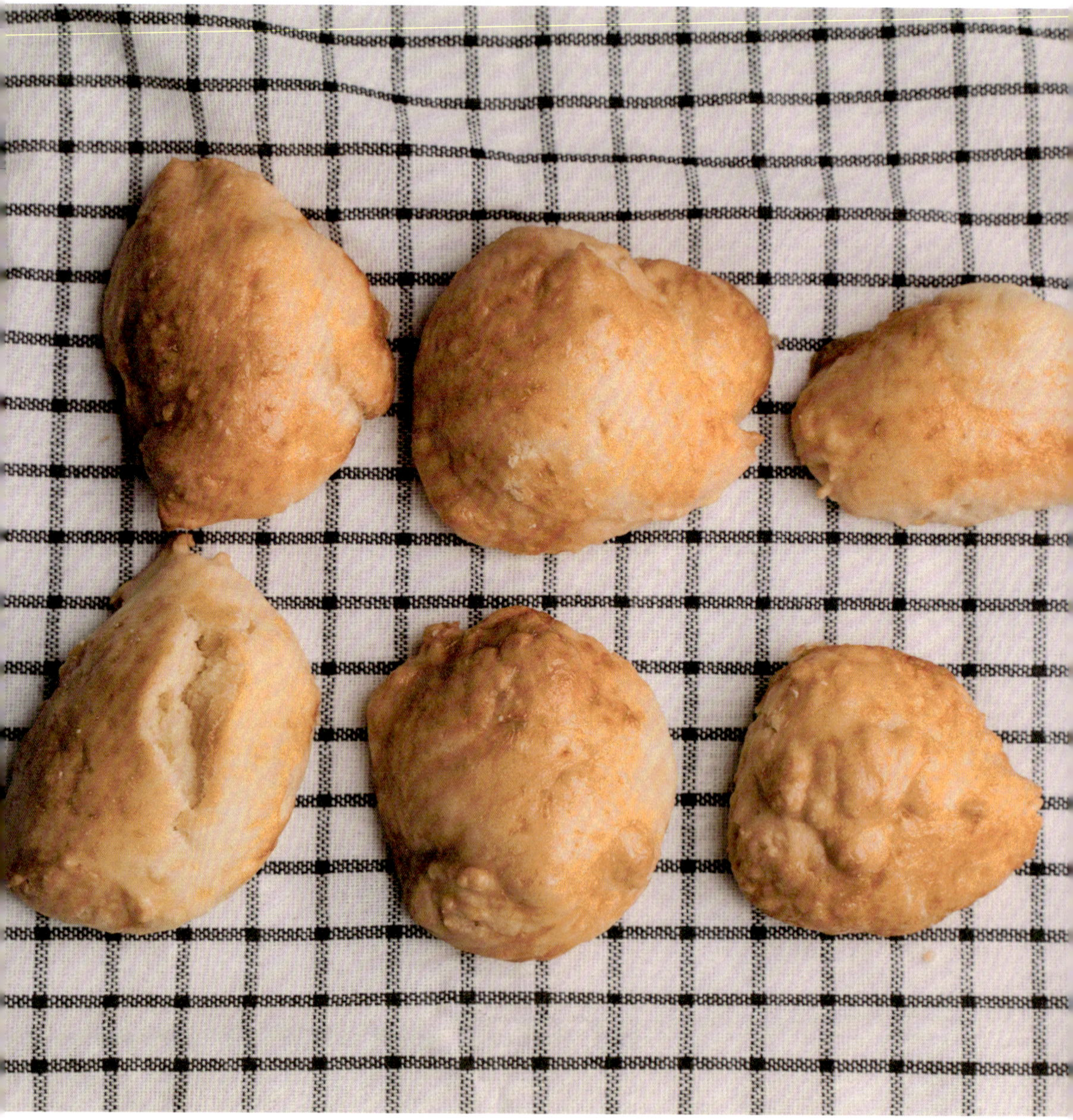

低卡豆乳司康
Soy Milk Scone

雖然追求低卡、低糖，但在食用口感上也不能妥協，所以採用嫩豆腐，利用豆腐的柔滑質地，來讓司康不只外酥內軟，吃下去的每一口都能吃到自然豆香。

準備：約 30 分鐘
烘烤：約 20 分鐘
烤箱需求：上下火 180°C

材料 INGREDIDNTS

嫩豆腐　120 克　　　赤藻糖醇　30 克（可依喜好調整甜度）
無鹽奶油　15 克　　　蛋黃液　1 顆（用於刷在表面）
低筋麵粉　150 克
泡打粉　5 克

作法 METHODS

1. 低筋麵粉、泡打粉和赤藻糖醇混合均勻。
2. 加入無鹽奶油,用手搓揉至呈現細沙狀。

3. 嫩豆腐加入混合物中,輕輕攪拌至能形成麵糰。
4. 麵糰分成 6 等份,放入冰箱冷藏 30 分鐘,讓麵糰鬆弛。

CHAPTER5 Low calorie 創意低卡甜點

5. 從冰箱取出麵糰，在表面刷上一層蛋黃液。
6. 司康放入烤箱，以 180°C 烘烤約 20 分鐘，直到表面呈金黃色即可。

| 常見問題 Q&A |

1. 司康為什麼會太乾？
如果司康烘烤後口感偏乾，可以在混合麵糰時稍微增加豆腐的量，讓麵糰保持一定的濕潤度。

2. 為什麼司康不夠鬆軟？
泡打粉使用量不足，或混合過度可能會影響鬆軟度，確保泡打粉和麵粉混合均勻，並避免過度揉捏麵糰，以保持司康的鬆軟口感。

159

全麥提拉米蘇
Whole Wheat Tiramisu

以健康的全麥麵包和希臘優格，代替傳統的手指餅乾和奶油，保留提拉米蘇的多層次口感，卻降低了熱量，品嚐時也能更加清爽不膩口。

準備：約 20 分鐘
冷藏：約 4 小時

材料 INGREDIDNTS

全麥麵包　1～2 片
希臘優格　250 克
濃縮咖啡　適量（可根據喜好調整濃度）
防潮可可粉　適量

CHAPTER5 Low calorie 創意低卡甜點

作法 METHODS

1. 全麥麵包切成小塊，方便放入模具。
2. 濃縮咖啡刷在麵包塊上，使其吸收咖啡香氣，然後放入模具底部。
3. 倒入一些希臘優格在麵包上，輕輕抹平。
4. 繼續放入剩下的全麥麵包，重複刷上咖啡液，倒入剩餘希臘優格，抹平表面。
5. 模具放入冰箱，冷藏至少 4 小時，讓口感更扎實。
6. 取出冷藏好的提拉米蘇，表面灑上一層防潮可可粉，裝飾完成。

常見問題 Q&A

1. 一定要用全麥麵包嗎？
不一定，但全麥麵包比較紮實，吸收咖啡液後不容易爛掉，也較有咀嚼感。如果用白吐司或鬆軟麵包，建議咖啡液少量刷塗、不要浸泡，才不會影響口感層次。

2. 可以提前一天做好嗎？
非常推薦！冷藏時間越久，風味越融合，隔夜後口感更濃郁、層次更明顯。不過建議食用前再灑可可粉，避免受潮影響口感和外觀。

低卡巧克力球
Low-Calorie Chocolate Balls

選用即食燕麥和 75% 黑巧克力製作，不用擔心吃了會熱量爆表，可以放心享用巧克力球酥脆的外層，及內心柔滑的巧克力餡。

準備：約 20 分鐘
烘烤：約 15 分鐘
氣炸鍋需求：170°C

材料 INGREDIDNTS

即食燕麥　40 克

無糖可可粉　5 克

雞蛋　1 顆

赤藻糖醇　10 克（可依喜好調整甜度）

75% 黑巧克力　15 克

CHAPTER5 Low calorie 創意低卡甜點

作法 METHODS

1. 即食燕麥、無糖可可粉、赤藻糖醇和雞蛋混合在一起，攪拌均勻。
2. 混合好的麵糊靜置 10 分鐘，讓燕麥充分吸收液體，變得較為黏稠。
3. 取適量麵糊，搓成小圓球狀，中間包入一小塊黑巧克力，包好後再搓圓。
4. 巧克力球放入氣炸鍋，以 170°C 烘烤約 15 分鐘，直到外層酥脆即可。

常見問題 Q&A

1. 巧克力球為什麼會散開？
如果巧克力球在氣炸過程中散開，可能是混合物太乾或太濕，可以調整燕麥的量或增加靜置時間，讓麵糊更穩定。

2. 巧克力內餡沒有融化怎麼辦？
烘烤時間過短可能會導致內餡沒有融化，可以延長氣炸鍋的時間，或提高溫度至 180°C 烘烤，但要留意外層不要過焦。

微波抹茶蛋糕
Microwave Matcha Cake

只需短短幾分鐘，這款低卡健康的微波抹茶蛋糕就能上桌，抹茶香氣濃郁，口感輕盈，是忙碌時的最佳選擇。

準備：約 10 分鐘
微波：約 2 分鐘

材料 INGREDIDNTS

低筋麵粉　45 克
抹茶粉　2 克
牛奶　60 毫升
泡打粉　2 克
雞蛋　1 顆

赤藻糖醇　20 克

作法 METHODS

1. 在碗中篩入低筋麵粉、抹茶粉和泡打粉，攪拌均勻。
2. 雞蛋打入碗中，用打蛋器攪拌至蛋液均勻。
3. 蛋液中加入牛奶和赤藻糖醇，攪拌至完全融化。
4. 將濕性材料倒入乾性材料中，用刮刀輕輕攪拌至無顆粒的順滑麵糊。
5. 麵糊倒入可微波的耐熱容器，放入微波爐，以高火加熱約 2 分鐘，蛋糕膨脹並熟透即可。
6. 出爐後稍稍放涼，可灑上抹茶粉裝飾。

常見問題 Q&A

1. 可以用烤箱製作嗎？
可以，麵糊倒入模具，放入預熱至 170°C 的烤箱中，烘烤約 15～18 分鐘即可。

2. 蛋糕太乾怎麼辦？
蛋糕太乾可能是加熱時間過長，建議微波時間縮短 10～15 秒，或者在麵糊中多加一點牛奶增加濕潤感。

紫薯蒸蛋糕
Steamed Purple Sweet Potato Cake

嫩豆腐讓口感柔軟細膩,紫薯則為這款蛋糕帶來迷人色彩,低糖低脂,吃起來毫無負擔,而且用電鍋就能完成,可說是一道美味又方便的健康甜點。

準備:約 15 分鐘
蒸熟:約 20～25 分鐘

材料 INGREDIDNTS

紫地瓜　200 克
雞蛋　2 顆
牛奶　100 克

作法 METHODS

1. 紫地瓜去皮、切塊，蒸熟後壓成泥。
2. 加入雞蛋，攪拌均勻。
3. 加入牛奶，並混合均勻。
4. 蛋糕糊倒入模具。
5. 用保鮮膜封住表面，戳幾個小洞透氣。
6. 放入蒸籠，用中小火蒸約 20～25 分鐘，即完成。

常見問題 Q&A

1. 蛋糕為什麼會有顆粒感？
口感不夠細膩，可能是地瓜泥壓得不夠細，或是調理機沒有充分攪打，建議製作地瓜泥時多壓幾次，確實讓地瓜泥變細滑。

2. 蛋糕為什麼不凝固？
蒸的時間不夠，建議延長時間，並確保蛋糕糊厚度不會過厚，以便均勻受熱。

黑芝麻豆腐蛋糕
Black Sesame Tofu Cake

這款豆腐蛋糕以嫩豆腐為基底,搭配黑芝麻醬的香氣,口感細膩濕潤,低卡又健康。表面以優格和水果裝飾,更增添清新風味。

準備:約 5 分鐘
烘烤:約 30 分鐘
烤箱需求:上下火 170°C

材料 INGREDIDNTS

嫩豆腐　300 克
雞蛋　2 顆
希臘優格　40 克
代糖(赤藻糖醇)　30 克
黑芝麻粉　30 克
低筋麵粉　20 克
泡打粉　3 克

作法 METHODS

1. 嫩豆腐瀝乾多餘水分。
2. 豆腐、雞蛋、希臘優格、代糖、黑芝麻粉、低筋麵粉與泡打粉,通通放進食物料理機。
3. 啟動料理機,所有食材攪打至完全滑順、沒有顆粒的麵糊狀態。
4. 麵糊倒入鋪好烘焙紙的模具中(建議使用 6 吋圓模或等量容器),表面抹平,輕敲幾下排氣泡。
5. 放入預熱至 170°C 的烤箱,烘烤約 30 分鐘,表面微上色即可出爐。
6. 出爐後放涼脫模,冷藏口感更緊實,可依喜好抹上優格、鋪上水果點綴。

| 常見問題 Q&A |

1. 泡打粉可省略或換成其他替代品嗎?
可以省略,對成品影響不大;可用少量小蘇打加檸檬汁替代泡打粉,幫助基本膨脹。

2. 蛋糕太濕或太軟怎麼辦?
豆腐水分過多會影響質地,建議使用廚房紙巾稍微壓乾水分;也可將烘烤時間延長 5 分鐘讓中心熟透。

抹茶生巧克力
Matcha Raw Chocolate

這款抹茶生巧克力口感濃郁綿滑，搭配微苦抹茶的清香，是一款低卡又高質感的甜點，製作簡單但充滿驚喜。

準備：約 5 分鐘
加熱：約 10 分鐘
冷藏：約 2 小時

材料 INGREDIDNTS

牛奶　300 毫升
玉米澱粉　30 克
抹茶粉　8 克
赤藻糖醇　25 克

作法 METHODS

1. 牛奶倒入鍋中，用中小火加熱至微溫。
2. 玉米澱粉和抹茶粉過篩，加入加熱中的牛奶，避免結塊。
3. 赤藻糖醇加入鍋中，用打蛋器不停攪拌，確保所有材料均勻混合。
4. 持續加熱並攪拌，直到混合物濃稠且均勻無顆粒。
5. 將濃稠的抹茶糊倒入模具中，輕震模具排出氣泡，放涼。
6. 模具放入冰箱冷藏至少 2 小時，取出後切成小塊，並灑上適量抹茶粉裝飾即可。

常見問題 Q&A

1. 可以改成其他口味嗎？
可以，將抹茶粉替換成等量的可可粉、草莓粉或紫薯粉，能創造不同風味。

2. 怎麼避免燒焦？
煮的過程中建議用中小火，並且全程使用打蛋器或刮刀不停攪拌，確保底部不黏鍋。

少糖、低卡！零負擔甜點烘焙

2025 年 07 月 01 日初版第一刷發行

作　　者	小比利
編　　輯	王玉瑤
封面・版型設計	紫語
特約美編	梁淑娟
攝　　影	陳詠力
發 行 人	若森稔雄
發 行 所	台灣東販股份有限公司
	＜地址＞台北市南京東路 4 段 130 號 2F-1
	＜電話＞(02)2577-8878
	＜傳真＞(02)2577-8896
	＜網址＞https://www.tohan.com.tw
郵撥帳號	1405049-4
法律顧問	蕭雄淋律師
總 經 銷	聯合發行股份有限公司
	＜電話＞(02)2917-8022

著作權所有，禁止翻印轉載
Printed in Taiwan
本書如有缺頁或裝訂錯誤，請寄回更換（海外地區除外）。

少糖、低卡！零負擔甜點烘焙 / 小比利作．
-- 初版．-- 臺北市：
臺灣東販股份有限公司, 2025.07
176 面；17×23 公分
ISBN 978-626-379-963-9（平裝）

1.CST: 點心食譜

427.16　　　　　　　　　　　　114006551